JN164028

虹の図鑑

—しくみ、種類、観察方法—

武田 康男 文・写真

緑書房

富士山に大きな雲がかかり、強風で雨が飛んでいます。そこに朝日が当たり、2本の虹（主虹と副虹）ができました。　(11月 山梨県)

アラスカの朝、にわか雨があり、林の向こうに
鮮やかな虹が出ました。　(9月 アラスカ)

ハワイの夕方、雨雲がやってくると、美しい虹が2本伸びました。 （10月 ハワイ）

左ページ

1	3
	4
2	5

1 夏の夕方、海上の霧に白い虹(霧虹)が出ました。 (8月 茨城県)

2 飛行機の窓から見下ろした雲に、とても大きな白い虹(雲虹)が見えました。 (10月 飛行機から)

3 色鮮やかな虹が、遠くの地面に接しました。 (9月 岩手県)

4 海上に現れた虹は、海から虹色が出ているように見えます。 (7月 茨城県)

5 黒い溶岩原の上空に、大きな虹のアーチができました。 (3月 ハワイ)

カバーの虹(上):台風が過ぎ去ったときに空を眺めると、まだ雨が降る場所に太陽の光が当たり、鮮やかな虹のアーチが見えました。 (9月 岩手県)

表紙の虹(下):日の入り5分前、前線通過の雨が上がった直後、夕焼け空に大きな虹が現れました。日の出入り時は最も大きい虹になります。 (9月 千葉県)

はじめに

だれもが一度は、「虹」を見た記憶を持っていることでしょう。私も子どもの頃から虹を目一杯楽しんできました。でも、そんなにもポピュラーなものなのに、これまで、虹のしくみや種類、観察方法をカラーで1冊にまとめた本は、日本にありませんでした。

初めて「過剰虹」を見て、「それができるしくみを知りたい！」と感動したのは私が10代の頃でしたが、当時はいくら探してもその説明にはたどり着きませんでした。やっと見つけた「白虹」の資料には写真がなく、文字による説明しか見当たりませんでした。そんな経験から、虹のさまざまな形態を自ら確認し撮影して、いずれ本にまとめたいと、ずっと思っていました。

気象や天体など、空に見えるあらゆるものに魅了されて、40年以上撮影をつづけてきましたが、そのほとんどの現象ははるか彼方に輝くもので、空を見上げるだけでした。しかし虹は、高い空にあるかと思えば目の前の雨にも現れます。足元の水滴に虹色の輝きを見ることだってできます。虹は、さまざまな角度から眺められる不思議な現象であり、身近でありながら壮大な魅力を持っているのです。

昔の人は、空に見える大彗星や皆既日食、オーロラなどの現象を恐れたといいます。虹もその不思議さのせいか、蛇や血を想像した言い伝えが残されています。大雨や雷などが虹に伴いやすいことも影響したでしょう。一方、虹は色鮮やかな現象にもかかわらず、絵画として描かれたものは意外にも少なく、とても興味深く感じます。

現代では、虹のしくみが解明され、多くの人々の観察によって、さまざまな形態が知られるようになりました。雨上がりの虹は楽しい天空のショーとなり、心和むニュースにもなっています。

本書のほとんどすべての写真は、私が各地で実際に撮ったものであり、美しさや不思議さといった虹の魅力を体感しながら記録したものです。各写真のコメントには、そのときに感じたことや、これから虹を見たい人へのアドバイスなども示しています。

簡単には現れてくれない虹ですが、空を気にしていれば、年に何度か見るチャンスはあるでしょう。また、見る場所が違うと虹の様子が異なるため、「今見えている虹は自分に向けて輝いている」と言っても過言ではありません。ゆえに、それを見たときの感動は一生の思い出となるかもしれません。

本書には、いろいろな角度から見た「虹の姿」がていねいに解説されていますが、虹を見るためのガイドとして役立つ情報もしっかりと盛り込まれています。でも最も大事なことは、自分自身が本物の虹に出合い、その姿に感動することです。そして、虹に祝福された気分になれば最高です。

最後に、本書を出版する機会を与えてくださった緑書房の秋元理さんと宮島芙美佳さん、編集に協力していただいたリリーフ・システムズの可部淳一さんと中村美紀さんにはたいへんお世話になりました。改めて感謝申し上げます。

2018年7月　武田 康男

虹の図鑑 目次

第1章 虹のふしぎ 13

第2章 いろいろな虹 37 ▸一覧 38

本書の使い方

本書は次の4つの章と各章末のコラムで構成されています。

第1章　虹のふしぎ…………虹の出るしくみや虹の文化

第2章　いろいろな虹………虹の多彩な姿

第3章　虹の見つけ方………虹が見えるときや場所

第4章　虹色の自然現象……自然界で見ることができる虹色

第2章、第4章では、バリエーションに富んだ虹や虹色の自然現象の写真を掲載するとともに、そのページで扱っている虹を見るときに役立つ情報を示しました。

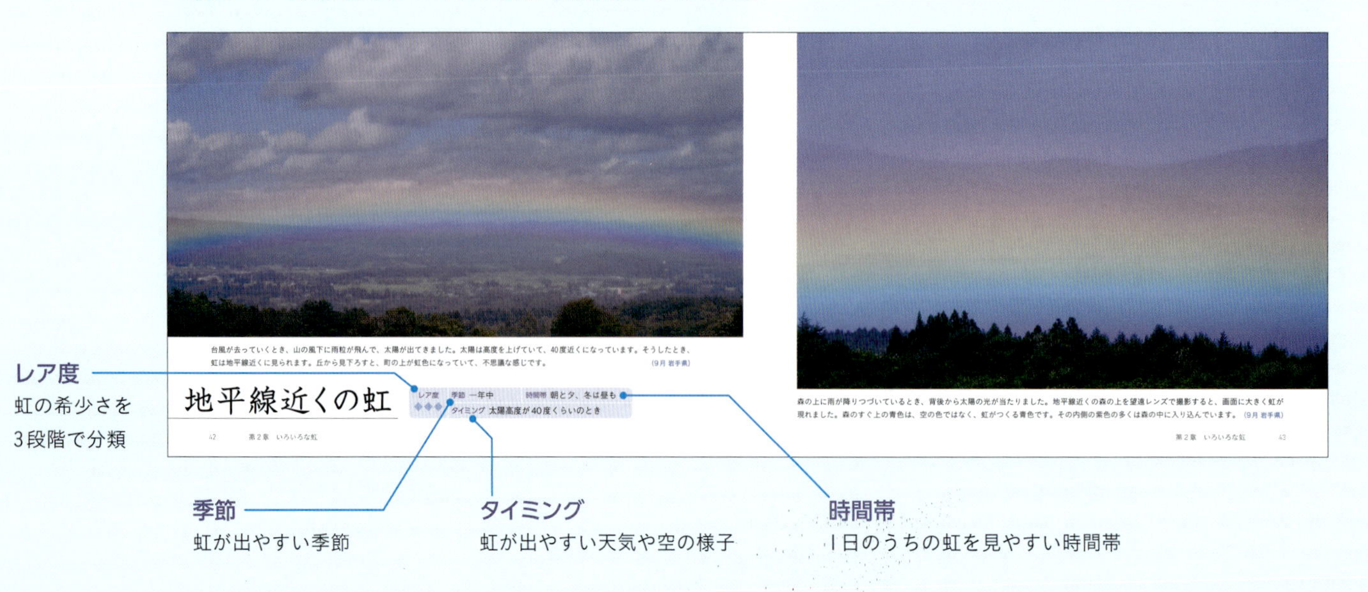

第1章

虹のふしぎ

虹とは何か

虹は光・水滴・見る人の位置関係で空中に現れる現象です

太陽光が、空に浮かぶ水滴の中で屈折・反射して、色分かれして見える円弧状の光を虹と言います。虹という物体があるのではなく、見る人との位置関係で空に現れます。雨粒だけでなく、霧や雲、水しぶきなどによっても生じます。また、月の光によってできる淡い虹もあります（月虹▶ p.68）。

色は、虹の7色などと言われるように、さまざまな色が連続的に見られます。朝日や夕日が赤っぽいときは赤っぽい虹になり、霧や雲にできる虹は色が重なって白く見えます（白虹▶ p.60, 62）。外側にもう1本の虹（副虹）が見える場合は、色の順番が逆になります。

大きさは、太陽が地平線近くにあるときが最大で、高度は、太陽と反対側の点（対日点）から角度で40度（主虹）または50度（副虹）くらいになります（p.17の図を参照）。太陽が高いときは、空に虹ができません。

虹は、その美しさと、めったに見られない貴重さから、とても人気があります。空にきれいな虹が出ると、多くの人が立ち止まって眺めたり、写真を撮ったりします。そのはかなさも魅力の１つで、長い時間出ていることはほとんどなく、わずか数分間ということも少なくありません。

また、空には虹色の現象がいろいろありますが、光の回折で色分かれしたもの（光環▶ p.130、彩雲▶ p.134、ブロッケン現象▶ p.138）や、小さな氷の粒（氷晶）で屈折したもの（日暈▶ p.124、幻日▶ p.126、環天頂アーク・環水平アーク▶ p.128など）は、虹とは言いません。

白い紙の上にプリズムを置き、太陽の光をうまく入れつつプリズムを回転させると、紙にきれいな虹色が見えます。

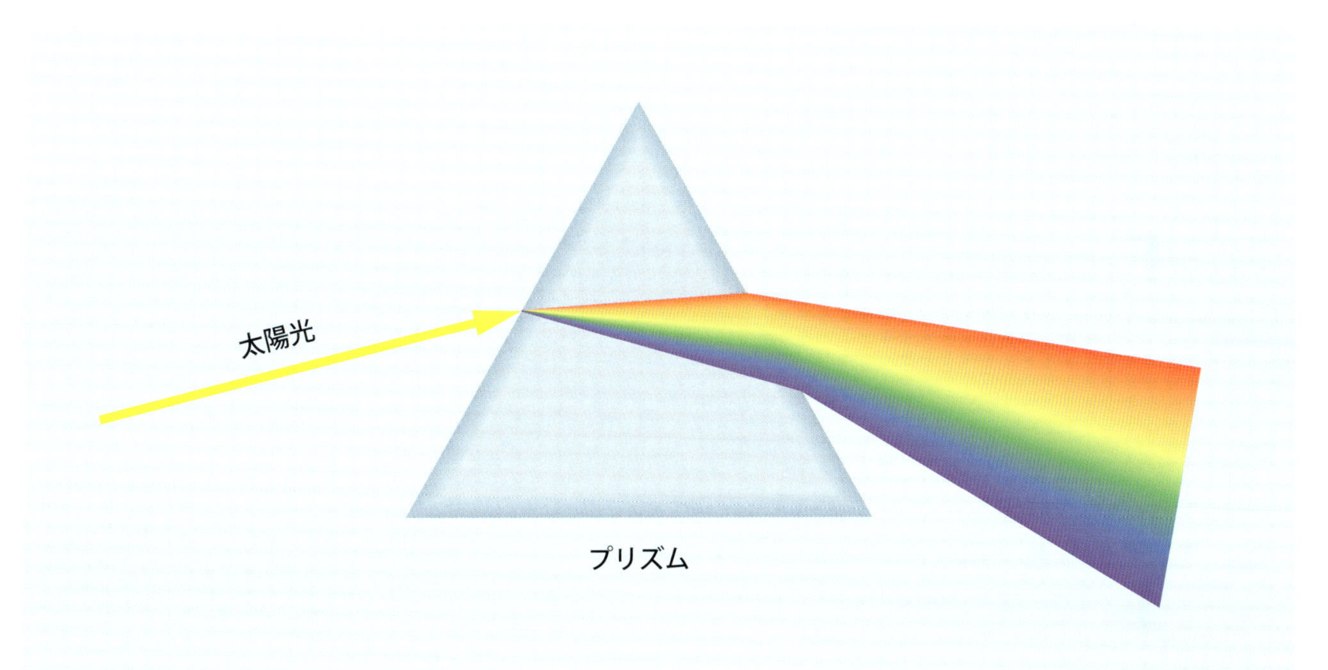

太陽は、まぶしさがないときは黄色です。太陽の光をプリズムで分光すると、赤色から紫色までさまざまな色が混じっています（真ん中付近が黄色です）。このように人間の目に見える光を「可視光線」と言い（人間の目が太陽に合わせた、とも言えます）、太陽の光の多くを占めます。光が色分かれするのはそれぞれの色の波長が違うからです。紫色に近くなるほど波長が短く、曲がりやすくなります。

どんなときに虹が見られるか

太陽光だけでなく、月明かりで見える虹もあります

虹は夕方、雨上がりに出ると、よく言われます。雨が上がって、雨雲が東へ去ったとき、西の方から太陽の光が差すと、東の空に虹ができます。太陽が低い位置にあり、雨がまだ遠くないことが条件です。太陽を背にして、自分の影の頭から約40度の角度の空を探します。雨が狭い範囲しか降っていないときや、太陽の光が一部にしか当たっていないときは、虹は一部分しか見えません（株虹▶p.44）。

また、朝、雨が降る前に、西の空に虹が見えることもあります。もし、雲の動きが東から西だと、朝は雨のあと、夕方は雨の前ということになります（朝の虹・夕方の虹▶p.106）。台風のときなどは、南から雨雲がやってくることもあります。また、冬は太陽高度が低いので、昼間にも虹が見えます。冬のはじめなど、時雨によって、長い時間虹が見られることもあります（時雨虹▶p.48）。

山から見下ろしたときや、飛行機などから見るときは、下の方に虹ができます（飛行機からの虹▶p.80）。滝の水しぶきでも周囲に虹ができます（滝の虹▶p.76）。

そして、とても珍しいのが月明かりの虹（月虹、ムーンボウ）です（月虹▶p.68）。満月前後の明るい月が輝いている夜に、にわか雨が降るときがチャンスです。月虹は夜の滝でもときどき見られますが、とても淡く、人の目ではほとんど色がわかりません。

太陽の高さが低いほど、大きな虹が見えます。

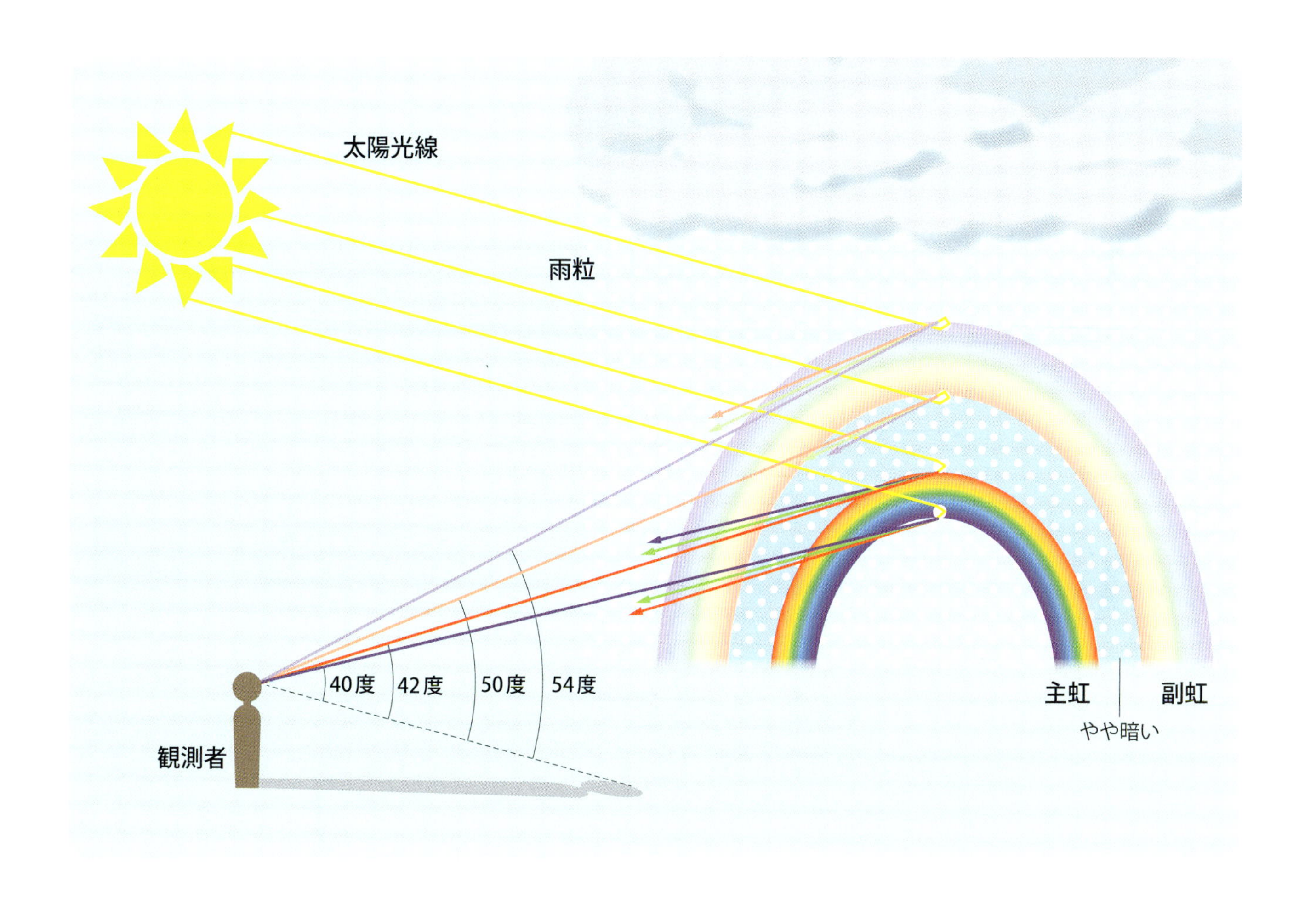
太陽光線
雨粒
40度
42度
50度
54度
観測者
主虹
副虹
やや暗い

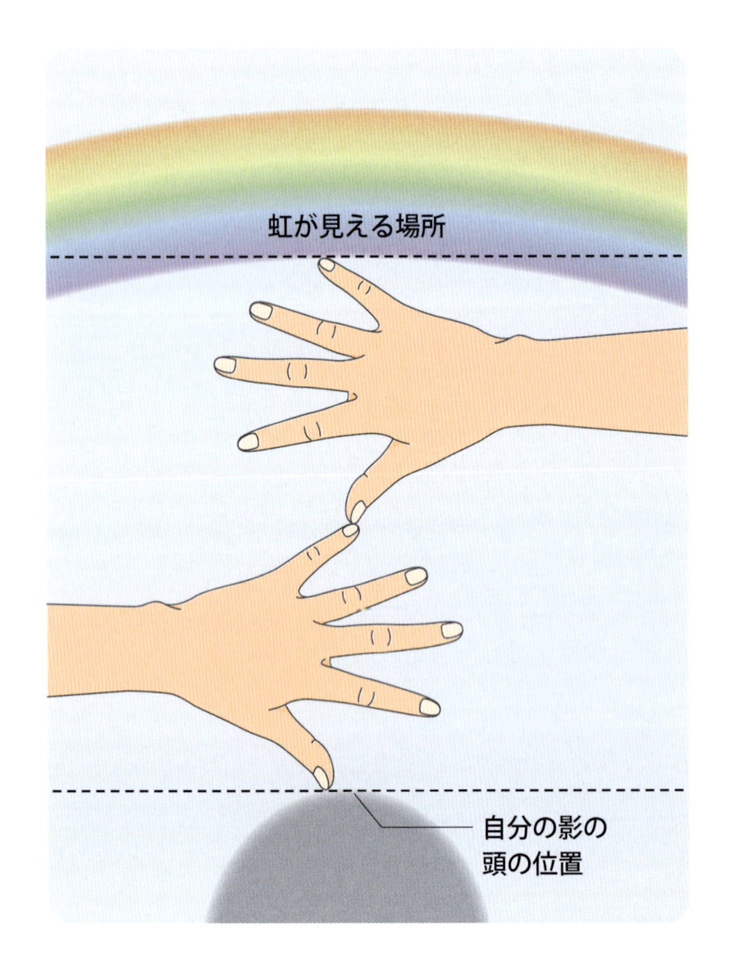

腕を伸ばして手のひらを大きく開くと、人によって少し違いますが、親指の先から小指の先までの角度は20度くらいになります。両手を合わせると40度くらいになるので、影の頭からの角度で、虹の場所を想像するのに便利です。また、太陽が40度より高いと、空に虹は出ません。ちなみに、親指と人差し指の角度は約15度、握りこぶしの大きさは約10度なので、これらを利用してもよいでしょう。自分の手がそうした角度になっているか、真上が90度ということを利用して、実際に確かめてみましょう。

虹がこれから出そうなときは、こうして虹の場所を予想して待ちます。写真の構図も考えておき（広角や超広角レンズを用意し）、虹が風景と一緒に入るか、入るならどのように入るのかを想像します。そして、虹が現れそうな方向に、雨の水滴がやってくるのを待ちます。虹は数分間しか見られないことが多いので、事前の準備が欠かせません。

虹の原理（主虹、副虹）

光と水滴の作用によって虹が見えます

太陽の光が水滴の中に入って、屈折・反射して虹ができます。太陽の光は、水滴の半球面から入り、入るときに屈折して色分かれし、反射し、出るときにまた屈折して色分かれします。こうした光が、ある角度の所で多く集まり、そこから強く出た光が、虹として見えるのです。色によって角度がわずかに異なり、水滴１つからはある色だけが見え、それがたくさんあることで、さまざまな色になって輝くのはとてもおもしろい現象です。

水滴の中で1回反射した虹を主虹（しゅにじ、しゅこう）、2回反射した虹を副虹（ふくにじ、ふくこう）と言い、太陽光線が向かっていく方向に対して、主虹が40度から42度、副虹が50度から54度の角度の所にできます。2回反射した副虹は、幅が広くて薄くなります。ふつうよく見るのは主虹で、副虹が出ることは珍しく、二重の虹が見えたと驚く人もいます。主虹の内側は、虹をつくらなかった光でほんの少し明るいです。同様に副虹の外側もわずかに明るくなります。主虹と副虹の間はそうした光がなく、発見者の名にちなみ「アレキサンダーの暗帯」と呼ばれています。

では、3回反射した場合はどうかと言うと、計算上は太陽の側にできることになりますが、はっきり見えたという記録はありません。私も何度も探しましたが、見たことはありません。

副虹は淡いことが多いのですが、2本がはっきり見えることもあります。

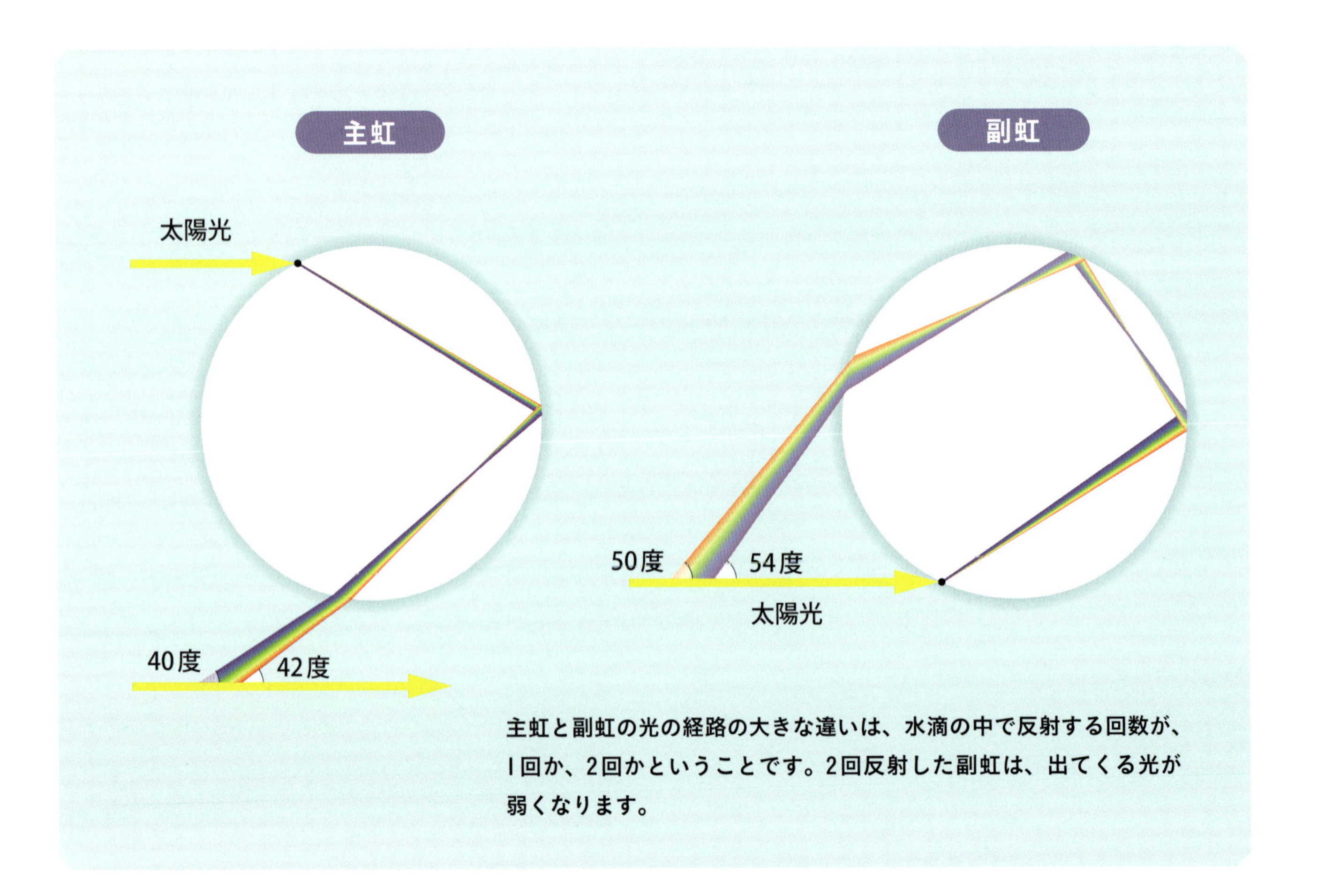
主虹
副虹
太陽光
40度
42度
50度
54度
太陽光
主虹と副虹の光の経路の大きな違いは、水滴の中で反射する回数が、
1回か、2回かということです。2回反射した副虹は、出てくる光が
弱くなります。

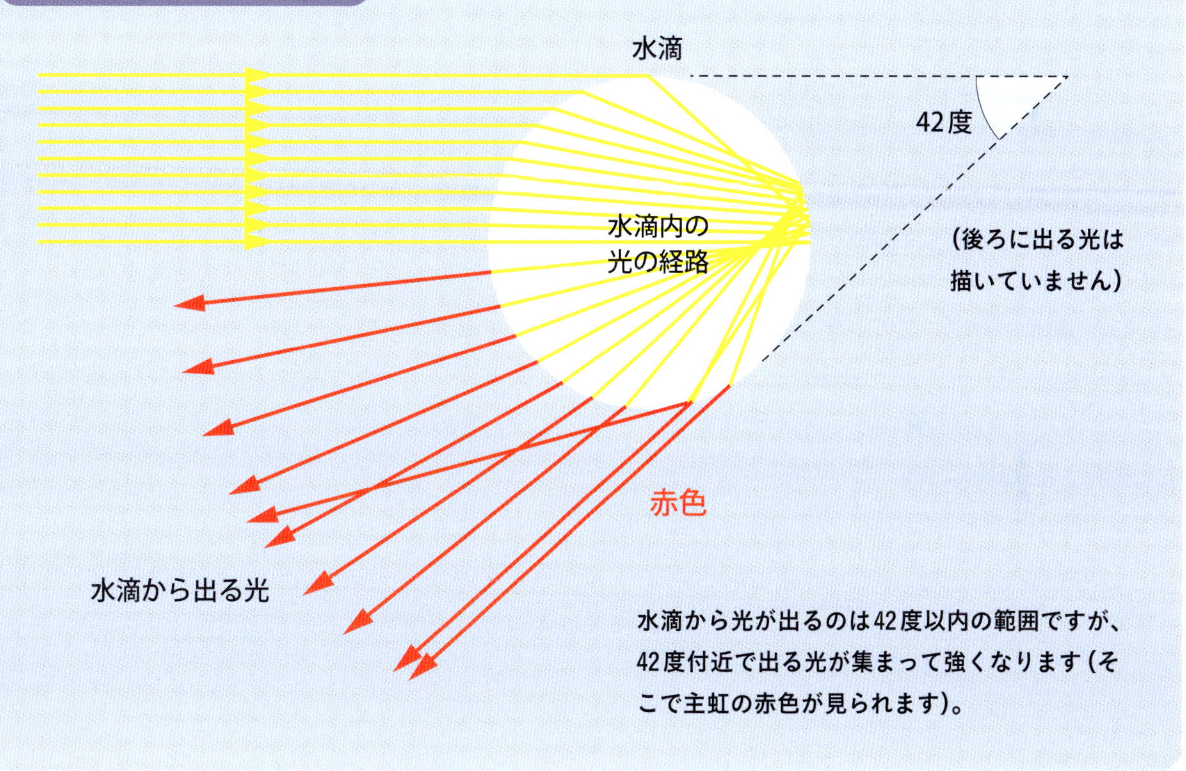
太陽からの光（断面上部）
水滴
42度
水滴内の
光の経路
（後ろに出る光は
描いていません）
赤色
水滴から出る光
水滴から光が出るのは42度以内の範囲ですが、
42度付近で出る光が集まって強くなります（そ
こで主虹の赤色が見られます）。

太陽光

虹の色は太陽からやってくる可視光線に含まれています

太陽は表面温度が摂氏6,000度で、太陽から出る光の多くが、人間の目に見える可視光線です（人間の目が太陽の光に対応しているとも言えます）。そして、可視光線には虹の色が入っていて、虹色の中間は黄色になります。よって太陽は黄色い恒星に分類されます。

太陽の光が地球の大気に入ると、光の波長によっては大気に少し吸収されるものがあります。有害な紫外線がオゾン層によって吸収されていることはよく知られていますが、水蒸気や酸素、二酸化炭素などによっても吸収され、地上に届くエネルギーの強さは、波長によって変わります。ただし、可視光線はあまりそうした影響を受けません。

私たちが太陽の光を受けて暖かく感じるのは、赤外線も届いているからです。赤外線は人間の目には見えません。また、紫外線の一部も地上に届き、日焼けの原因となります。

また、空気で散乱した青っぽい光が空から多くやってくるため、空が青く見えます。青っぽい光が少なくなった朝日や夕日は、赤っぽく見えます。人間の目は一番強い光を感じる傾向にあり、青色が多い昼間の空は青く、黄色が多い夕焼け空は黄色く、いろいろな色が同じようにある空は白っぽく感じます。

地球上の光のほとんどすべては、この太陽光によるものです。地球表面の暖かさは、太陽放射エネルギーのおかげです。

太陽はなぜ輝いているか？

太陽の中心部は温度が1,500万度もあり、水素がヘリウムに変わる核融合反応が起こっています。このときわずかに質量が減り、それが膨大なエネルギーを生みます。太陽の表面温度は約6,000度で、その温度の場所からは可視光線を中心にエネルギーを出します。

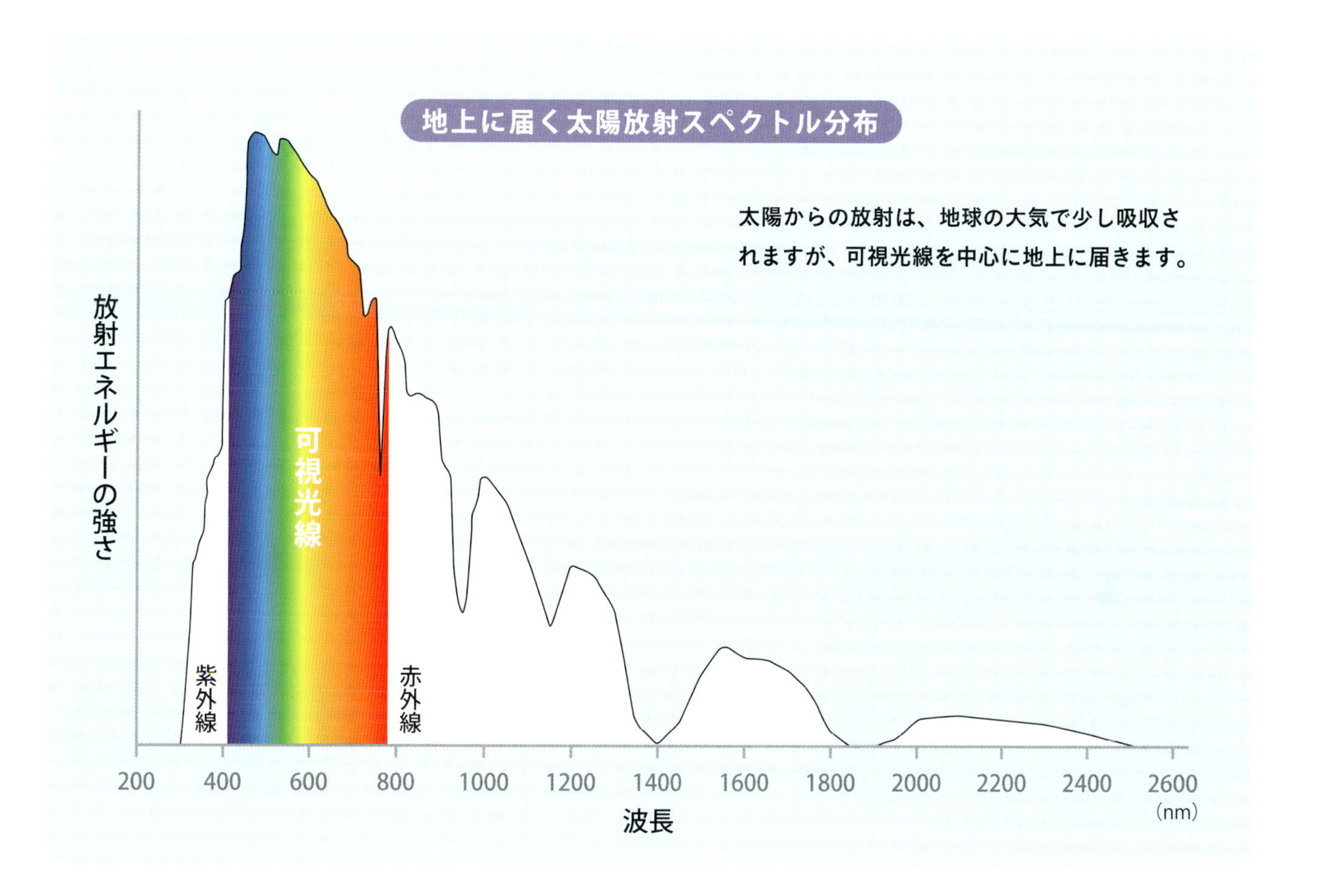
地上に届く太陽放射スペクトル分布
太陽からの放射は、地球の大気で少し吸収されますが、可視光線を中心に地上に届きます。
放射エネルギーの強さ
可視光線
紫外線
赤外線
200
400
600
800
1000
1200
1400
1600
1800
2000
2200
2400
2600
(nm)
波長

虹は何色

虹の色をいくつに分けるかは、国や地域の文化によって違います

虹は7色と思っている人がほとんどかもしれません。しかしアメリカでは6色、ドイツでは5色などと言われ、3色や2色としている文化もあります。これは、虹の色が異なるのではなく、虹の色の分け方が違うのです。

右ページの図は虹の色を並べたものです。この色を何色に分けるかということなのです。理科年表や物理の教科書などにある6つの分け方（下）と、日本人が言っている7色の分け方（上）を見比べてみてください。青と藍の幅が狭くて、7色に分けるのは難しいと思われる人もいるでしょう。

では、なぜ7色と言うのかというと、ニュートンが『光と色の新理論』という著書で、プリズムで分光した色を「赤、橙、黄、緑、青、藍、紫」の7色としたことによります。これは音階の1オクターブが7つの音（ドレミファソラシ）に分かれていることが影響しているようです。日本では古くは5色と言っていたようですが、学校教育でニュートンの虹の研究を扱い、7色と言うようになったと考えられます。虹が何色であるかは、それぞれの国や地域の文化に関係しており、文化によって虹の色数は違います。

虹の絵を描く場合は、虹の色が連続的に変化していることを意識するようにして、6色や7色を等間隔に並べるのはやめた方がよいでしょう。なだらかに色を変化させ、「虹には無限の色が入っている」という感覚を表現することも大事です。

虹は何色に見える？

虹は、太陽が明るく白色に近いほど、たくさんの色に分かれます。雨粒の大きさにもよりますが、3色から5色がふつうで、6色見えることはほとんどありません。まして7色は難しいと思います。

可視光線のスペクトル

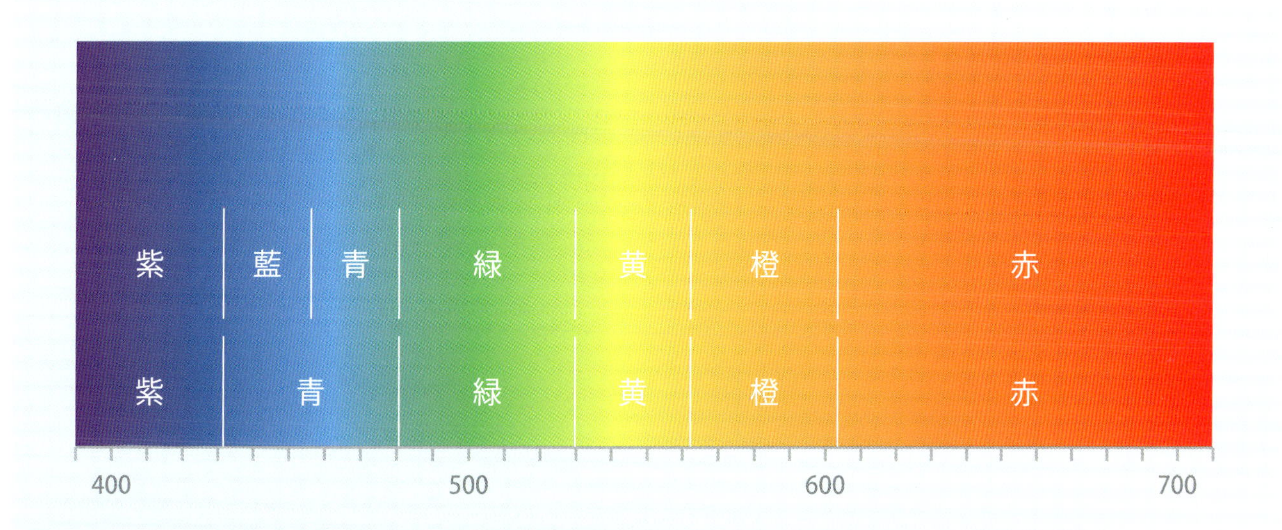

可視光線の連続した色（スペクトル）です。この中に7色と6色それぞれの色名を当てはめました。
6色の方が自然な感じがします。　(上)7色の場合　(下)6色の場合

大きな虹・小さな虹

虹は、太陽の高さ、雨の降り方、目の錯覚などで
大きさが変わって見えます

虹が大きく見えたり、小さく見えたりするのはなぜでしょうか。太陽に対する虹の位置は決まっていますから、まずは太陽の高さによって、虹の大きさが変わって見えます。日の出直後や日の入り直前のとき、虹はその反対側で大きな半円になります。太陽が高くなるにつれて、虹の半円は地平線に沈んでいき、太陽の高さが20度以上になると、虹は小さく見えるようになります。太陽の高さが約40度になったとき、虹は反対の空の地平線にわずかに見えるだけです(虹と気づく人はまずいないでしょう)。

また、雨の降り方や太陽の光の当たり方が一部分だけだと、虹は小さく見えます。虹のてっぺんだけ、あるいはたもとだけが見えることもあります。

虹の幅も、いつも一定ではありません。水滴が小さくなると、幅がやや広がって、太く見える傾向があります。白虹はふつうの虹よりもかなり太いです。

そして、人間の感じ方の違いもあるでしょう。ビルの上の虹は大きく感じ、海上の虹はあまり大きく感じないかもしれません。地平線近くにある赤い月が大きく感じられるのも、目の錯覚が多いです。

丸い虹を見たことのある人はほとんどいないでしょうが、下の方まで虹が見えたときは、主虹の直径が角度で80～84度という、とても大きな虹になります。

丸い虹はどこで見られるか？

地面の下の方まで雨が降っていれば丸い虹になります。例えばタワーの上やヘリコプターから丸い虹が見られます。また、滝つぼの上の橋など、水しぶきの上に行ってもよいでしょう。大きな噴水や人工的なシャワーでも、水しぶきが広がれば見られます。

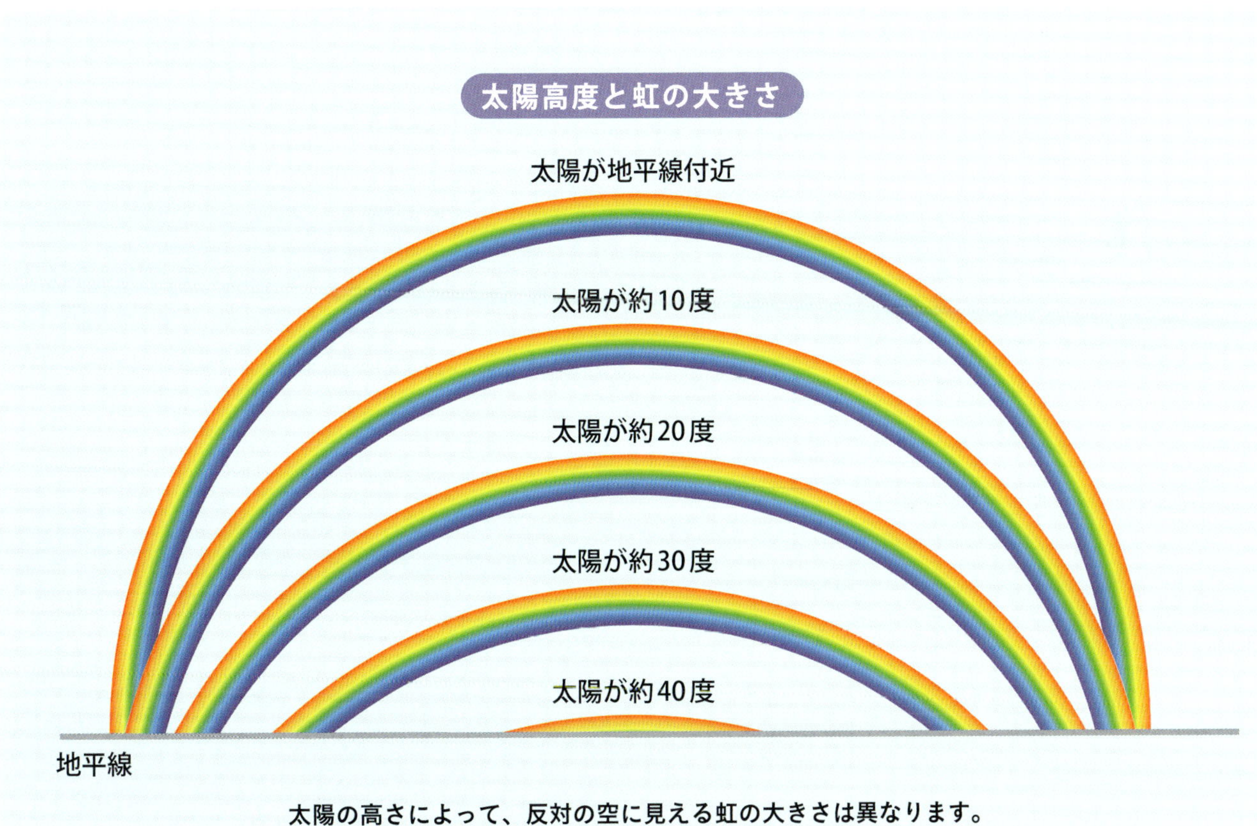
太陽高度と虹の大きさ
太陽が地平線付近
太陽が約10度
太陽が約20度
太陽が約30度
太陽が約40度
地平線
太陽の高さによって、反対の空に見える虹の大きさは異なります。

近い虹・遠い虹

虹は近くにも遠くにも見えることがあります

遠くに見える虹と近くに見える虹があるのはどうしてでしょうか。それは、雨が遠くで降っているか、近くで降っているかの違いです。右ページの図はそうした位置関係を示しています。見える虹までの距離が違うのです。

虹が見える角度と虹の幅は同じですが、近くに虹がある場合と遠くに虹がある場合では、虹の見え方がかなり異なります。近いと水滴が光って虹ができている感じがわかりますが、遠いと色だけが見えます。夕日が赤っぽくなるように、ずっと遠くの虹は明るさが弱く、赤っぽく感じることもあります。雨が去っていくときに、近い虹から遠い虹が次々と見えたら楽しいです。

虹に近づきたくて、虹に向かっていったことはありますか？　虹に近づくと、そこは雨が降っている場所で、目の前に虹があります。さらに虹に近づくと、雨の中に入ってしまい、太陽の光が当たらないために虹が消えてしまいます。虹の中に入ると虹に囲まれるという幻想は、やはり想像の世界です。虹のたもとにはたどり着けないのです。

虹は自分だけのもの

虹という実体はなく、あくまで太陽と雨と自分の位置関係で見えているのです。自分と離れた所にいる人は、別の虹を見ていることになります。だから、離れた所にいる人と今見えている虹について会話しても、虹の様子が違うことがあります。数百mも離れると、虹の形や明るさはかなり違うでしょう。つまり、今見えている虹は、自分だけの虹と思ってもよいでしょう。

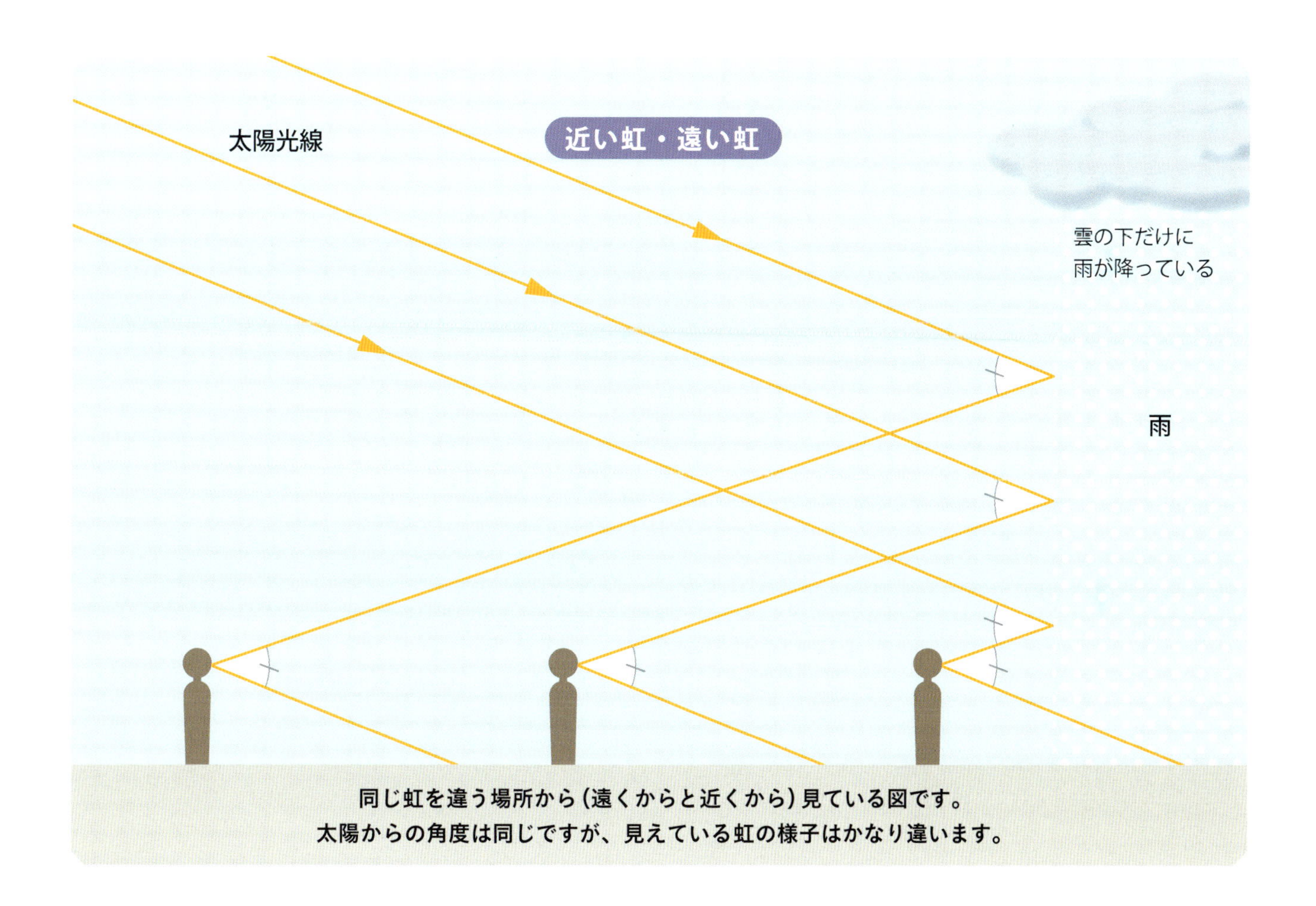
近い虹・遠い虹
太陽光線
雲の下だけに
雨が降っている
雨
同じ虹を違う場所から（遠くからと近くから）見ている図です。
太陽からの角度は同じですが、見えている虹の様子はかなり違います。

虹のことばの由来

「虹」という漢字の中に、その言葉の由来が含まれています。それは英語でも同じです

中国で、虹は、水を飲んで育つ「蛇」だと考えられていました。双頭の蛇または竜のようでした。蛇（虫）が空を貫く（工）ので、「虹」という漢字になったようです。主虹と副虹は雄と雌です。

日本にも、「虹は水から出る」「虹は竜蛇と考えられた」「虹は天地をつなぐ橋とみられた」「虹の下に財宝があると信じられた」という民間の俗信がありました。また、「蛇が天から虹を伝って下りてきて（その姿は見えない）、川の水をいっぱい飲んで昇天し、やがてその水を雨として降らす」とも言われていました。「虹を指さしてはいけない」という伝承も国内外にあります（虹は神様でもあるからというのがひとつの理由です）。

英語のrainbowは、雨（rain）と弓（bow）からできていて、雨によってできる弓ということです。

台湾の寺の屋根にある竜です。この竜の姿は、空にかかった虹と関連がありそうです。（©Hiroshi Murakami/a.collectionRF/amanaimages）

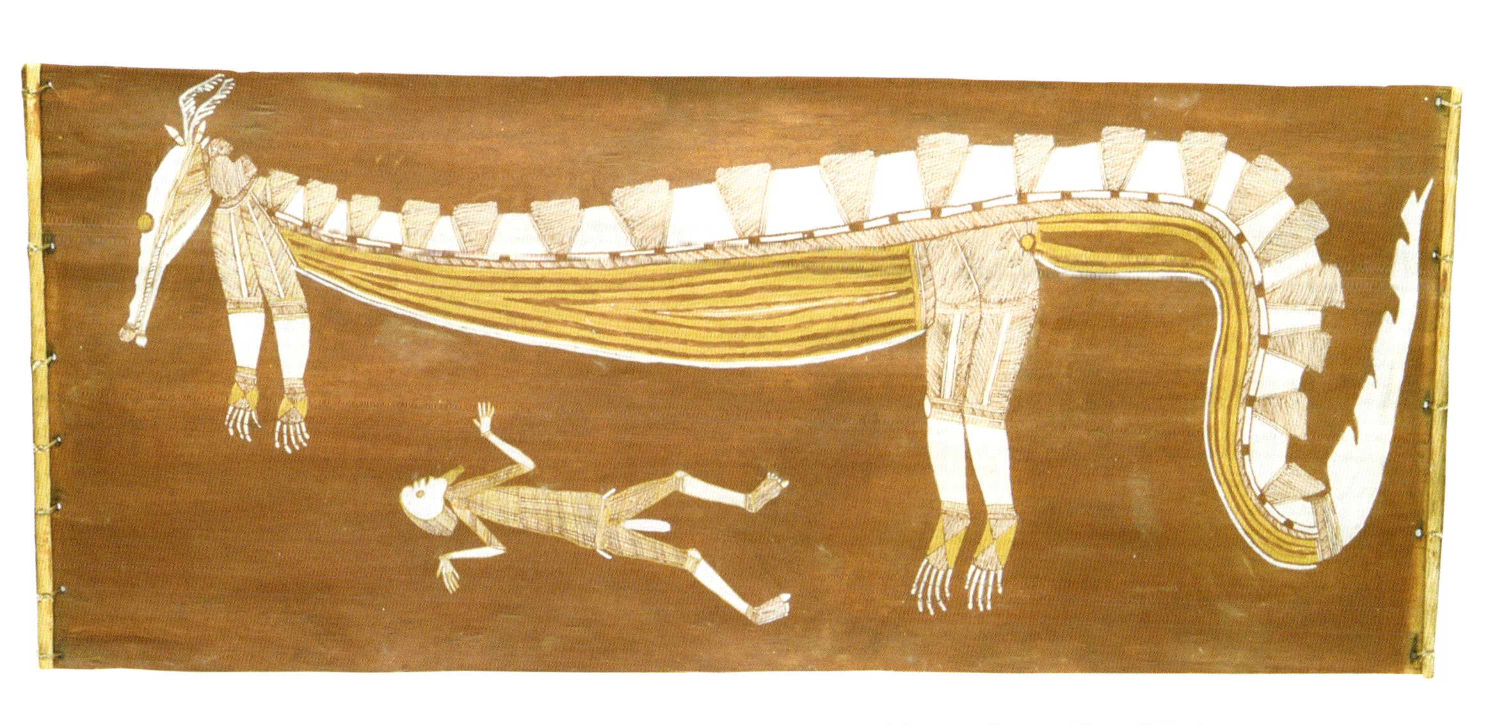

オーストラリア先住民のアボリジニが描いた精霊と虹。（国立民族学博物館所蔵）

「虹」の世界観

現在では美しいものと思われている虹ですが、
不気味なもの、恐れの対象だった時代がありました

人類は常に自然とともに生き、自然現象に対しては、親しみと同時に畏敬の念を抱いてきました。そして、虹をめぐっては、古来さまざまな見方がありました。

今の日本では、虹は美しい、ロマンチックなものと思われていますが、昔の日本や世界の多くの民族にとって、虹は不気味なものでした。晴れと雨の間に現れ、天でも地でもない、時空間における不思議な存在に対して、人が恐れを感じるのも無理はありません。虹の異様な色彩や、巨大さ、一時的な現象であることなども、不気味と感じられたのでしょう。

ルーベンス「虹のある風景」(ユニフォトプレス)

中には、死んだ人が虹になった、血が虹になったという話もあります。不幸な恋を関連づけた話もあります。これは、オーロラとも似ています。日本人が好んで見に行くオーロラも、現地の人は「不気味だ」と言います。真っ赤なオーロラは血の色にも見えます。

虹の不気味さには、「蛇」のイメージが関係しているのかもしれません。気味の悪い蛇が空に浮かんでいるのです。また、蛇は黄金の上に横たわるとも考えられていて、虹のたもとに宝箱があると言われるようになりました。(▶p.34)

虹のしくみがわかった現代では、雨雲の動きを読む天気予想に虹が使われ、人々は素直にその美しさに感動するようになりました。

歌川国芳「するがだひ東都名所」(国会図書館所蔵)

虹と絵画

虹が描かれた昔の絵画はあまりありません。また、虹の色彩はあまり豊かでなく、どちらかというと畏怖を感じさせる雰囲気です。大雨や雷などが伴うこともあったからでしょうか。

虹のたもとに何がある？

子どもの頃、地面から虹が出ているとき、その虹のたもとに向かっていった記憶はないでしょうか。私も行きましたが、虹はどんどん遠ざかり、雨に濡れてしまうこともあります。虹のたもとは雨が降っている場所で、虹は太陽との位置関係で見えていたのです。

それでも、神秘的な気分は味わえます。昔から「虹の下には財宝がある」という言い伝えがあり、これが世界共通というのもおもしろいです。雨は飲み水や農作業に欠かせないものなので、虹＝雨ということで、感謝の気持ちを抱いたのだと思われます。

虹色の現象として、空には彩雲や環水平アークの美しい色彩も見られますが、虹色が地面に接するのは「虹」だけです。

虹のたもとには何かありそうな感じがします。

水晶玉で虹を見る

水滴は大きくても数mmしかなく、その中から出る虹色の輝きを見るのは難しいです。また、氷はなかなか透明にならず、融けてしまいます。そこで透明なガラス玉で試してみました。しかし、内部が均一でなく、景色が少しもやもやして、虹がきれいに見えませんでした。そこで、水晶玉を探していたところ、埼玉県長瀞の土産物屋で、15,000円で売っているのを見つけました。

透明な水晶玉を手に取って、太陽の光を当てるのはとても危険です。太陽の光が手のひらで集光し、やけどをしてしまいます。水晶玉を燃えない台の上に置いてから、太陽の光を当てましょう。太陽を背の方向にして、水晶玉を見てください。見る位置を変えていくと、水晶玉の端の方でキラキラと虹色が順に見えてきます（両目よりも片目で見る方が効果的です）。これは虹をつくる光と同じものです。水晶の成分（ガラスと同じ二酸化ケイ素）は水よりも屈折率が大きいため、水滴の場合と角度がやや異なりますが、虹ができる状態を知るには十分な観察方法です。

左：**水晶玉**　水晶玉を台に載せて地面に置いたところ。向こう側の空と太陽が透けて見えます。

右：**水晶玉に見えた虹色**　太陽を背にすると、左端の方に虹色の輝きが見えました。見る位置を変えると色が変わります。

第2章

いろいろな虹

虹の種類一覧

虹の多彩な姿を紹介します。天候、場所などの条件の違いによって、虹はさまざまに姿を変えます。

※●数字は掲載ページです。

地平線近くの虹 42

株虹（蕪虹） 44

森の虹 46

時雨虹 48

雨の中の虹 50

青空の虹 52

赤い虹

副虹 56

過剰虹 58

霧雨の虹

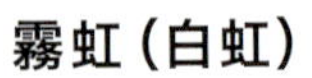

霧虹（白虹） 60

雲虹（白虹） 62

雲の中の虹 64

海の虹 66

月虹 68

噴水の虹 70

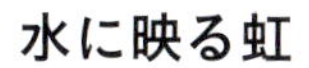

水に映る虹　72

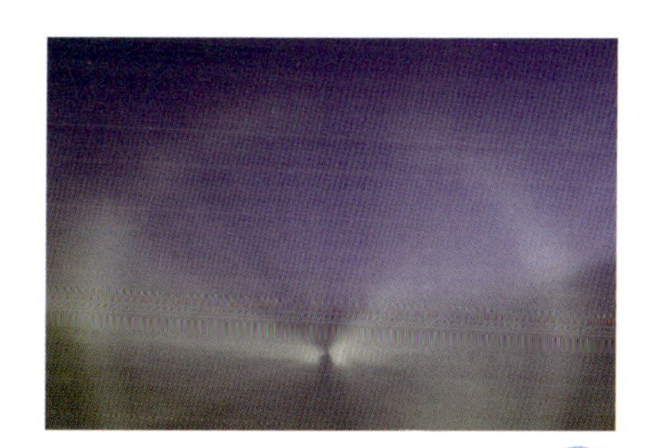

人工灯の虹　74

滝の虹　
76

露の虹　78

飛行機からの虹　80

丸い虹　82

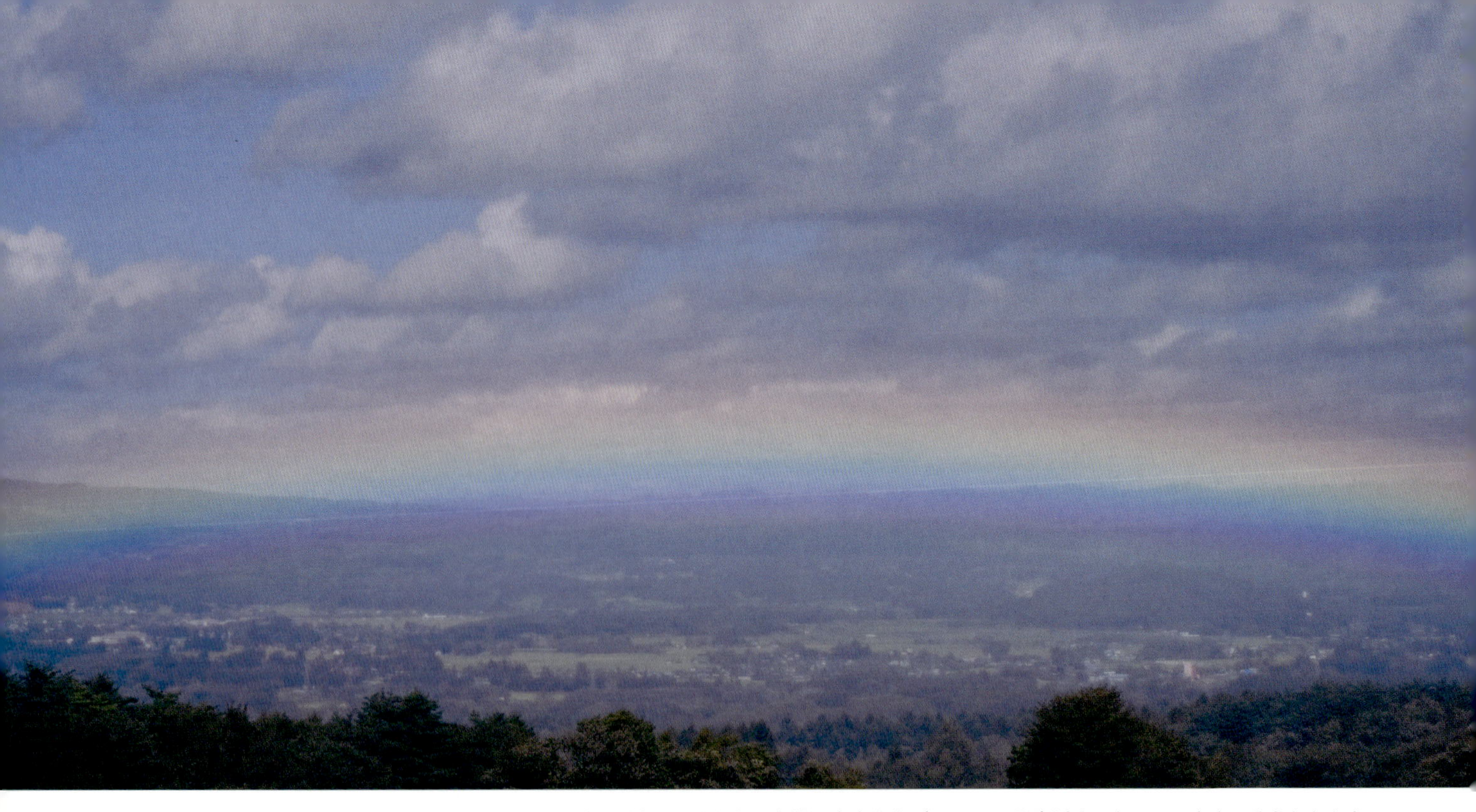

台風が去っていくとき、山の風下に雨粒が飛んで、太陽が出てきました。太陽は高度を上げていて、40度近くになっています。そうしたとき、虹は地平線近くに見られます。丘から見下ろすと、町の上が虹色になっていて、不思議な感じです。（9月 岩手県）

地平線近くの虹

レア度	季節 一年中	時間帯 朝と夕、冬は昼も
◆◆◆	タイミング 太陽高度が40度くらいのとき	

森の上に雨が降りつづいているとき、背後から太陽の光が当たりました。地平線近くの森の上を望遠レンズで撮影すると、画面に大きく虹が現れました。森のすぐ上の青色は、空の色ではなく、虹がつくる青色です。その内側の紫色の多くは森の中に入り込んでいます。（9月 岩手県）

地平線近くに小さく見える虹を株虹または蕪虹と言います。木の株のような形状をしていたり、蕪の形に似ていて、小さく見えます。地平線近くで、雨がそこだけ降っているか、太陽の光がそこだけ当たっている場合に見られ、この写真は後者です。 （10月 千葉県）

株虹（蕪虹）

レア度	季節 一年中	時間帯 朝と夕、冬は昼も
◆◆◇	タイミング 少しの雨か少しの太陽光があるとき	

上：高速で走る新幹線から撮影した短い虹です。山から上にできた明るい虹色が印象的でした。この前には大きな虹ができていましたが、新幹線ではあっという間に変化して、最後は小さな株虹になりました。夕日が赤っぽかったので、虹も赤色が強くなっています。 (8月 富山県)

右：上空の寒気によるにわか雨が去りましたが、遠くではまだ雨が降っているようです。そこに夕日が当たって、小さな虹が見え、地平線の上が輝いていました。望遠レンズで大きめに撮りましたが、実際は遠くに小さく見える虹です。 (4月 千葉県)

群馬県のこの森は、日本海側からの湿った風が吹くと、雨が降りやすい場所です。太平洋側から差す太陽光で虹が現れました。すぐ先の森は雨ですが、撮影している川の橋ではほとんど雨が降っていません。冬のはじめであれば時雨という感じです。雪になると、虹は出ません。(6月 群馬県)

森の虹

レア度	季節 一年中	時間帯 朝と夕、冬は昼も
◆◆◇	タイミング 森に一時的か部分的な雨が降っているとき	

アラスカで夕方、森の中に虹が見られました。晴れているときに急ににわか雨が降ってきて、色鮮やかな虹ができました。雨の粒が多いほど、太陽の光が強いほど、虹は鮮やかになります。虹の左側（内側）は、太陽光の反射でやや白っぽくなっています。　（9月 アラスカ）

左：秋の終わりに、冬型の気圧配置になって、日本海側から太平洋側へ冷たい強風が吹くとき、雲が通り過ぎる際にパラパラと弱い雨が降ります。その雨に太陽の光が当たると、淡い虹ができることがあります。それを時雨虹と言い、冬が近いことが感じられます。冬になると雪になり、虹はできません。

（11月 栃木県）

右：10月でも冷たい雨で時雨虹ができます。夏の鮮やかな虹と違い、色彩が淡く、長さも比較的短いです。時雨虹は青色や紫色がよく見える傾向にあります。冬の季節風が強いときは同じ場所にしばらく出ていることがあります。（10月 福島県）

時雨虹（しぐれにじ）

レア度	季節 秋と冬	時間帯 朝と夕、冬は昼も
◆◇◇	タイミング 秋から冬の時雨どき	

虹は雨粒に太陽の光が当たると見られます。雨が降っている最中でも、太陽の光が差し込めば虹ができます。その虹はすぐ近くの雨粒にできるため、虹がとても近くに見えます。雨の降り方が変わると虹の明るさが変わっていきます。 (9月 岩手県)

雨の中の虹

レア度	季節 一年中	時間帯 朝と夕、冬は昼も
◆◆◇	タイミング 雨の上がる直後か、雨の直前	

紅葉の山に雨雲がやってきました。雲のすき間から太陽の光が当たったため、短い虹ができました。虹は数十m先にあるように感じられました。そして雨のスクリーンの向こうに、霞(かす)んだ紅葉の森が見えていました。虹と色を競うように。　(10月 福島県)

左：虹は雨が降っている空にできるので、虹の後ろの空は、たいてい灰色など暗い雲の色をしています。しかし、青い空に虹が見られることもあるのです。強風によって、雨を降らせた雲から遠くまで雨粒が飛んでいるとき、雨粒は青空に舞っています。台風接近時や寒冷前線通過時などがチャンスです。

（5月 沖縄県）

右：太陽が高いときには虹が見られませんが、やや高い空にできる副虹が青空に見られました。副虹が見られるのは珍しいのですが、副虹だけというのはかなり貴重な写真です。強風によって雨粒が空に飛んでいて、それに太陽の光が当たり副虹が現れました。

（9月 岩手県）

青空の虹

レア度	季節 一年中	時間帯 朝と夕、冬は昼も
◆◆◇	タイミング 強風とともに雨が降っているとき	

左：台風が去ったあと、雲のすき間から差す弱い夕日が、反対の空に少しだけ当たり、淡い虹をつくりました。緑色や黄色が少し見えますが、橙色と赤色が多い虹です。背景の空が青っぽいので、虹の赤色が異様な感じになりました。（8月 茨城県）

右：夕方に雨が上がり、西の空から夕日が差してきました。夕日は赤っぽいので、その光による虹も赤っぽくなります。虹はやってきた太陽の光が色分かれしてできるからです。雲も夕日で橙色に染まっています。薄い副虹も現れ、やはり赤っぽく見えます。（9月 千葉県）

赤い虹

レア度	季節 一年中	時間帯 朝と夕
◆◆◇	タイミング 朝日や夕日が赤いとき	

主虹の外側に薄い虹が見えることがあります。これが副虹です。太陽光が雨の水滴の中で2回反射した虹で、光が出る角度が主虹より10度ほど外側になります。色の順番が主虹と逆になり、虹の幅もやや太いです。副虹を見る機会はあまりありません。 (9月 岩手県)

レア度 ◆◆◇
季節 一年中　時間帯 朝と夕、冬は昼も
タイミング 主虹が明るいとき、その外側に

太陽高度が高くなり、主虹が森の中に消えていくとき、その上にアーチ状に副虹がありました。このあと副虹だけが見えて、主虹が出ていると間違えそうになりましたが、上下の色が反対であることで、副虹とわかります。
(9月 岩手県)

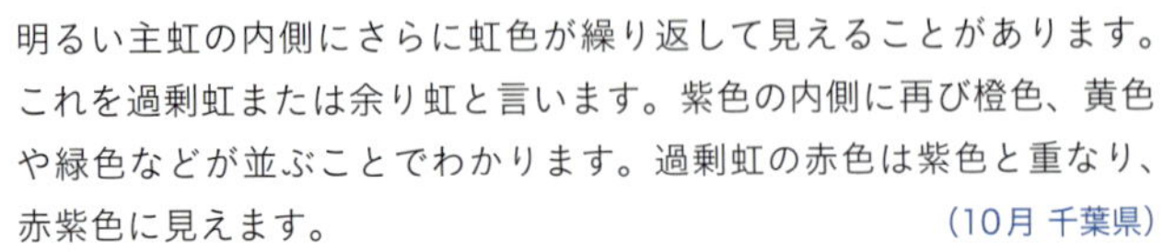

明るい主虹の内側にさらに虹色が繰り返して見えることがあります。これを過剰虹または余り虹と言います。紫色の内側に再び橙色、黄色や緑色などが並ぶことでわかります。過剰虹の赤色は紫色と重なり、赤紫色に見えます。（10月 千葉県）

過剰虹はあまり見られません。虹が明るくてもできないことが多いのです。また、この写真のように、虹の一部だけに見られることがあります。これは雨粒の大きさが関係しているためです。ある大きさの球形の雨粒がそろっていると見えやすいです。（10月 千葉県）

過剰虹（かじょうにじ）

レア度	季節 一年中	時間帯 朝と夕、冬は昼も
◆◆◆	タイミング 虹が明るく、鮮やかなとき	

なかなか見ることができませんが、霧雨による虹があります。雨の虹はきれいに色分かれし、霧の虹は白く見えますが、霧雨の虹はその中間という感じで、白っぽいけれど、淡く色が付いています。山の上などで風が強いとき、まれに霧雨の虹を見ることができます。この写真は富士山の五合目近くで撮影しました。 (9月 山梨県)

霧雨の虹

レア度 ◆◆◆　季節 一年中　時間帯 朝と夕、冬は昼も
タイミング 霧雨が降り、晴れ間があるとき

ハワイの溶岩原の上に霧がかかり、背後から太陽の光が差したとき、アーチになった白い虹ができました。白虹の一種である霧虹です。霧の水滴は雨粒に比べ半径が数十分の１程度で、その中で反射・屈折する太陽光線は、色が重なってしまいます。 （10月 ハワイ）

霧虹（白虹）

レア度	季節 一年中	時間帯 朝と夕、冬は昼も
◆◆◇	タイミング 朝夕の霧に太陽の光が当たるとき	

白い虹が見える名所は尾瀬ヶ原です。湿原の中の山小屋に泊まり、早朝に木道を歩くと、見られることがあります。霧が晴れてきて、太陽の光が当たるのを待ちます。見られるのは短い時間で、場所も限られます。 (9月 群馬県)

雲虹（白虹）

レア度 ◆◆◆

季節　一年中

時間帯　朝と夕、冬は昼も

タイミング　飛行機が雲の上を飛ぶとき

左：飛行機の高度が低いとき、すぐ近くに雲が広がっていると、大きな白い虹が輝きます。雲に接近したわずかな時間だけなので、よく見ていないと気づきません。白い雲にできる白い虹は不思議な光景です。雲をつくる水滴が小さいので、七色が重なって白く見えます。（10月 飛行機から）

右：飛行機が高いところにあると、虹は下の方に遠くまで伸びて見えます。外側（右側）がやや黄色く見えています。虹は円形というよりも放物線のような形に見えます。雲虹が見えるのは水滴からできた雲で、層積雲、積雲、高積雲が多いです。（6月 飛行機から）

左：ハワイでは水滴からできた雲から雨が降ってきて、雲が消えていく様子が見られます。日本では雲の氷の粒が大きくなって、それが降る途中に融けて雨になることがほとんどなので、少し驚きます。そして、雲から雨が降る場所に虹が見られ、雲とともに虹もなくなっていきました。
（7月 ハワイ）

右：遠くの積乱雲の真ん中付近に虹が見られました。ちょうどそこは雨が降っている場所で、太陽の光が当たり虹が現れました。これよりも上の部分は氷になっていると思われ、地上から見える最も高い位置での虹だと思います。この光景はなかなか見られるものではありません。（8月 東京都）

雲の中の虹

レア度	季節 一年中	時間帯 朝と夕、冬は昼も
◆◆◇	タイミング 雲からにわか雨が降っているとき	

海の虹

レア度	季節 一年中	時間帯 朝と夕、冬は昼も
◆◆◇	タイミング 水しぶきと太陽光があるとき	

左：台風による大きなうねりが、海岸で磯波となって砕けるときに、たくさんの水滴が空中に飛びました。強い風が当たって空に上がっていくと、夕日によって虹が見えました。大きなうねりがやってくるとき、数秒間だけきれいな虹ができますが、背後から太陽光が照らしたときにしか見られません。（8月 茨城県）

右：船に乗っていると、水しぶきによる虹が見られます。うねりが大きいときほど、水しぶきが大きくなり、太陽と反対側できれいな虹が一瞬できます。しかしすぐに消えてしまうので、見るのも写真を撮るのも難しい虹です。体やカメラに海水を浴びないよう注意しなくてはなりませんし、船が揺れているときの観察は危険です。

（2月 海上）

満月が出たとき、人工的に雨を降らせ、月虹を再現しました。目でもうっすらと色がわかりました。太陽の虹と違い、光がやわらかく、幻想的な感じがします。ハワイでは、月虹を見たら幸せになると言われています。満月の前後の月が低空に輝き、その反対側で雨が降ることはまずありません。

（8月 ハワイ）

月虹（げっこう）

レア度	季節 一年中	時間帯 夜
◆◆◆	タイミング 満月前後の明るい月が出ていて、にわか雨が降っているとき	

満月近くの明るい月が上ってくるのを待ち、夜に華厳の滝展望台へ行きました。すると、滝のしぶきによる月明かりの虹が見えました。目で見ると、白っぽく淡かったのですが、何となく赤色や青色が区別できるような感じもしました。周囲に街灯があると見られません。 (12月 栃木県)

噴水の虹

レア度	季節 一年中	時間帯 日中
◆◇◇	タイミング 噴水に太陽光が当たっているとき	

左：大きな噴水は、激しい雨のように水滴が高くから落ちるので、雨の虹に近い感じに色づきます。ただ、近くにあるため、広い空の虹とは雰囲気が違います。太陽を背にして、太陽と反対側から約40度の角度の場所に水しぶきが来る位置に行きます。（3月 大阪府）

小さな噴水に近づいて撮りました。水しぶきが流れる中に、虹が見えています（目で見た雰囲気に近いです）。水しぶきは、虹の見える場所付近で多く色づいています。水滴が流れる線の途中で色が変わっているのは、虹は太陽からの角度で色が変わるからです。（11月 東京都）

シャッタースピードを3200分の1秒に設定して噴水の虹を撮りました。水滴はほぼ止まって写り、色が付いている水滴と付いていない水滴があります。近くの水滴の形も少しわかりますが、水滴は完全な球形でないため（噴水から出たばかりで揺れているため）、やや離れた場所でも色が見えます。（11月 東京都）

水に映る虹を見るなら、沼や池がちょうどよいです。湖よりも波が立ちにくく、水深が浅いほど波が消えやすいのです。虹が見えたら畔に行き、うまく映る位置を探しましょう。水面の虹は、空の虹よりも若干暗くなっていますので、撮影には注意が必要です。水面がわずかに揺れていると、虹も変形します。
(8月 アラスカ)

水に映る虹

レア度	季節 一年中	時間帯 朝と夕、冬は昼も
	タイミング 池や水たまりの向こうに虹が見えているとき	

※太陽の光が湖に反射してできる虹をコラム (p.92) で紹介しています。

湖でも、ボリビアのウユニ塩湖は水深が浅く、波がほとんどなく、空がきれいに映る「水鏡」と言われています。そこにわずかにできた虹が映りました。ここでは、空に見える光景とほとんど同じものが逆さに映ります。昼間の雲や夜の星もきれいに映りました。　（2月 ボリビア）

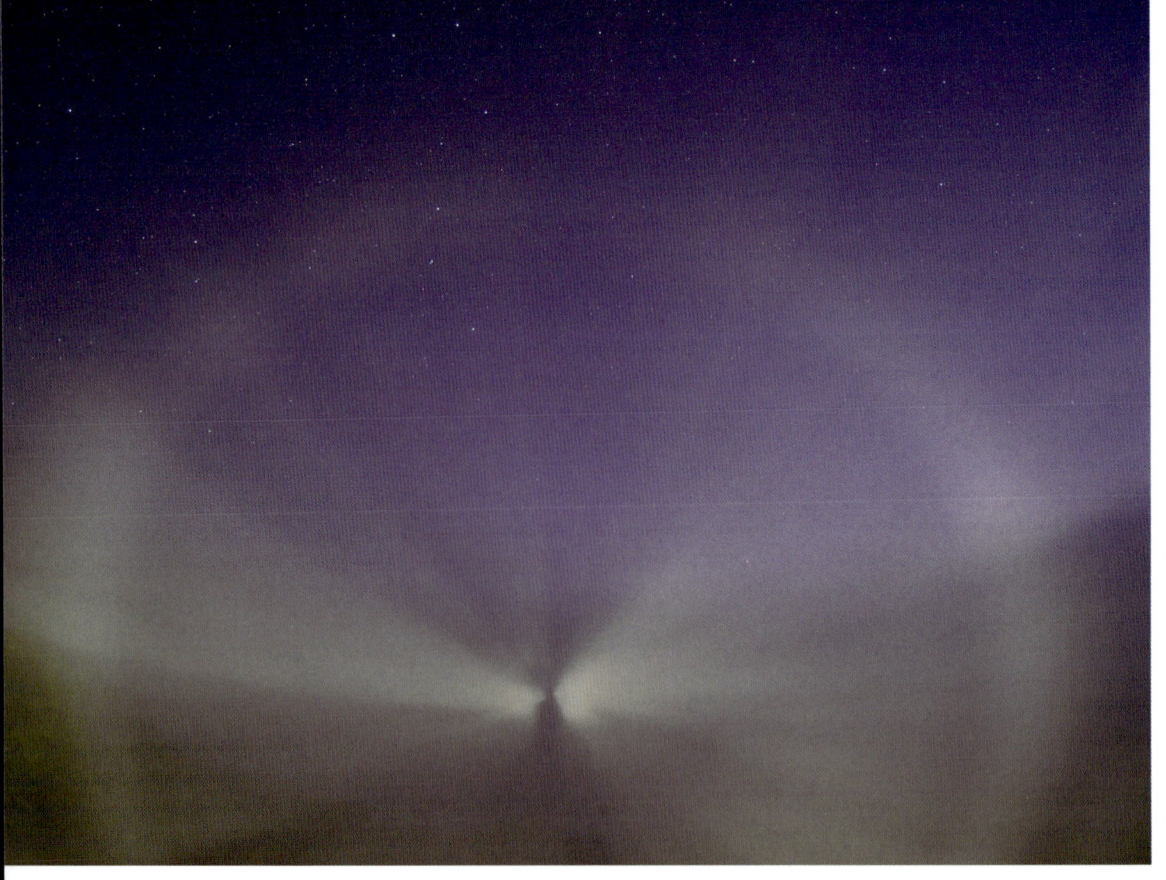

人工灯による霧虹です。夜、盆地に放射冷却による霧ができてきたので、丘の上へ行き、霧の上面を見ました。ちょうど背後に１つ水銀灯があり、私の影が霧に映るとともに、その周囲に霧虹ができました。上の方は霧が薄いため、北斗七星などが見えています。

（11月 広島県）

人工灯の虹

レア度	季節 一年中	時間帯 夜
◆◆◇	タイミング 街灯と霧や雨があるとき	

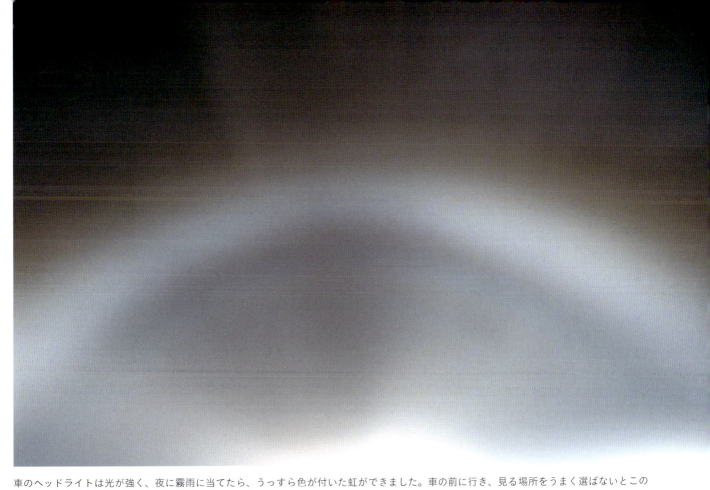

車のヘッドライトは光が強く、夜に霧雨に当てたら、うっすら色が付いた虹ができました。車の前に行き、見る場所をうまく選ばないとこの虹は見られません。
(4月 栃木県)

滝は虹の名所です。いつも水滴が飛んでいるので、太陽の光がうまく当たれば虹が見られます。東から南、そして西へ移動する太陽の光が、どの時点で滝にうまく当たるのかを調べれば、こうした虹が見られます。季節によって変わる太陽の高さに注意しましょう。　(10月 静岡県)

滝の虹

レア度	季節 一年中	時間帯 昼間
	タイミング 大きな滝に太陽光が当たっているとき	

滝の虹は、滝の本体よりも、水しぶきができる場所の方がきれいです。本体はきれいな形の水滴になっていないことが多いのですが、舞ったしぶきは球形になって、このような虹をつくります。水しぶきの状態が変わるごとに、虹の見え方が変わります。　(10月 ハワイ)

朝露が付いた葉をよく見ると、水滴の一部が輝き、それが色づいていることがあります。水滴の端の方で赤、橙、黄などの色が見えています。見る位置を変えると、別の水滴にも色が付いていきます。カメラは目よりレンズが大きいので、色が重なって白っぽくなってしまいがちです。

（7月 北海道）

露の虹

レア度	季節 一年中	時間帯 朝
◆◇◇	タイミング 朝露に太陽光が当たっているとき	

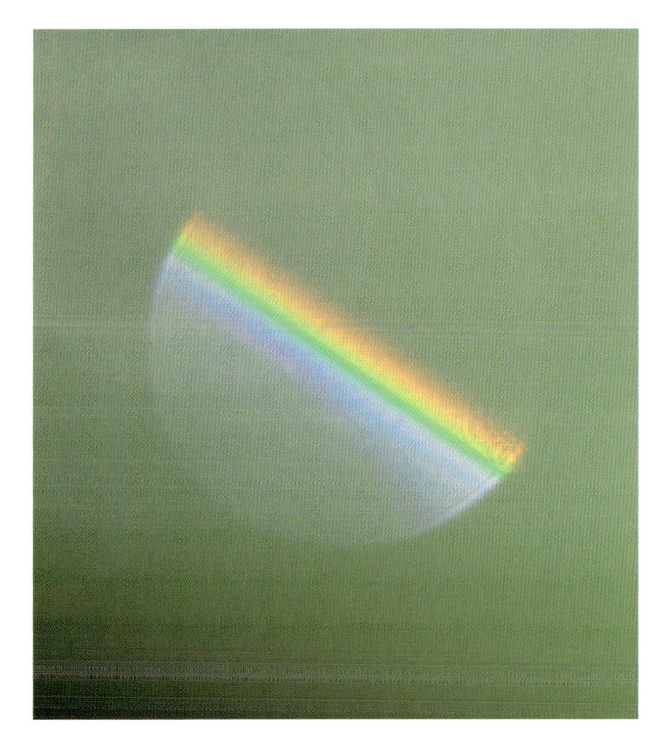

水滴にかなり近づき、カメラのピントを手動で動かすと、水滴はだんだんぼやけて、水滴の中に七色の虹が見えてきます。目でピントを変えるのは難しいので、カメラの中にしか見えない虹色です。つまり、水滴からはさまざまな色が出ているということです。

（5月 千葉県）

太陽を背にして、水滴を見る位置を微妙に変えると、水滴の中に2つ輝きが見られました。これは主虹と副虹に相当する輝きと思われます。それぞれ水滴から出る位置が反対側になっています。そして、虹の一番外側の赤色がわかりやすいです。

（10月 千葉県）

飛行機が飛び立ってまもなく、海との間に虹が見られました。この場所には雨粒があり、そこに太陽の光が当たったのです。飛行機の動きは速い（時速800～900km）ので、追いかけるように動いてきた虹は、雨粒がなくなったり、太陽が当たらなくなると消えます。

（10月 飛行機から）

飛行機からの虹

レア度	季節 一年中	時間帯 昼間
◆◆◆	タイミング 下に雨が降っているとき	

ふつう虹は空を背景に見えますが、飛行機から見た虹は地表面が背景になります。洋上で見る虹は、背景の海の青が空よりも濃いため、虹がより輝いて見えます。虹が途切れているのは雨が降っている場所が限られているからです。雨のすじもうっすらとわかります。（8月 飛行機から）

飛行機の真横に雨が降っていて、そこに太陽の光が当たり、鮮やかな虹が見えました。雲から降っている雨のすじもよくわかります。飛行機が速いので一瞬だけ見えました。（7月 飛行機から）

丸い虹を見るにはいくつか方法があります。雨が降っているときにスカイツリーなどの高い場所から下を見下ろすか、ヘリコプターや飛行機で雨の上を飛行することです。また、雨が降っていなくても、水しぶきが広がる大きな滝の上の方から、あるいは人工的に水しぶきを広げて出して見るという方法があります。この写真は大がかりに人工雨を足元まで降らせて、丸い虹をつくったものです。ふつう虹が空にしか見えないのは、足元の方まで雨が降っていないためで、人工的に雨を降らせれば、こうして丸い虹を見ることができます。ただし、太陽が地平線近くにあって、光が強くなければなりません。

(7月 ハワイ)

丸い虹

レア度	季節 一年中	時間帯 朝と夕
◆◆◆	タイミング 高い場所から見下ろしたり、水しぶきが広がっているとき	

夜に、人工的に雨を降らせ、背後から強力なライトを当てたところ、足元から上に丸い虹がはっきりできました。うっすら副虹も見られ、主虹の内側が明るいことや、主虹の内側にできる過剰虹も見えています。雨が足元まで降っている状況は、自然の中ではまずできません。(8月 ハワイ)

虹ができてから消えるまで（雨上がりの虹）

夕方に雨が止む予想だったので、空を注意して見ていました。雨が止んで屋上に出ると、東の空には雨のすじが残っていました。そして、西の空低く、太陽の光がだんだん見えてきました。これは虹に出合うチャンスです。再び東の空を見ると、やや高い空に短い虹が見えてきました。それが３分後には大きなアーチの虹になりました。副虹も見え、二重の虹です。虹は10分ちょっと見えていました。そして、再び短く、色が赤っぽくなり、弱々しい輝きとなって、日没とともに消えていきました。日没後の西の空は夕焼けになり、雲が黄色や橙色に染まりました。

（10月　千葉県）

① 雨雲が頭上から東へ去り、雨のすじが見えている

② 西の空低く、太陽の光が見えてきた

③ 東の空に小さく虹が見えてきた

④ 虹は大きなアーチになった（二重）

⑤ 虹は短く赤っぽくなった

⑥ 太陽が沈んで、夕焼け雲が見られた

虹の州・ハワイ

ハワイでは車のナンバープレートに虹が描かれています。「虹の州」という意味で、虹がとてもよく見られるからです。実際、朝方ハワイのホノルル空港に着いたとたん、虹に出合うことがよくあります。貿易風がぶつかってにわか雨が多く、朝夕でも太陽の光が強いからです。

また、ハワイでは多民族が集まり、文化形態も多様なので、それらを尊重して融和させようとするために、いろいろな色が混じっている「虹」が象徴になったとも言われています。

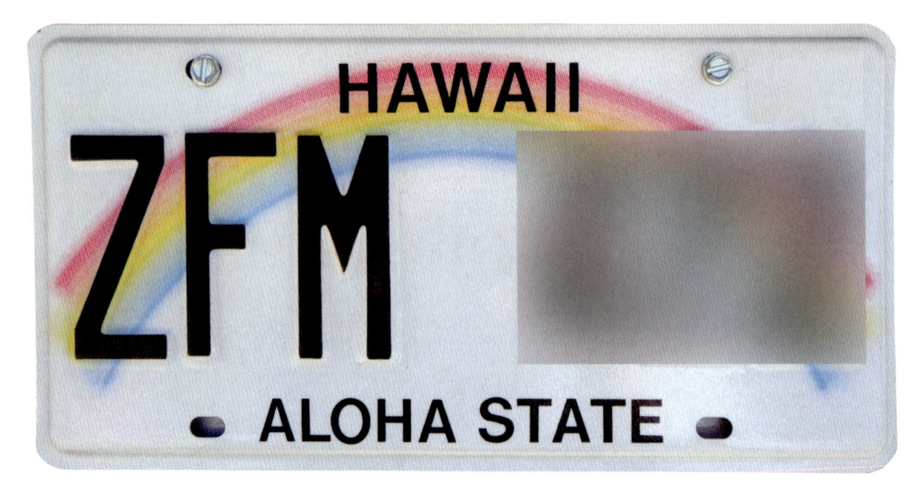

ハワイの車のナンバープレート。虹が描かれています。

ハワイの虹は、激しい雨と強い太陽光でとても鮮やかです。

南極の虹

雨が降らず雪ばかりの南極では、虹は見えないと思っている人が多いでしょう。確かに、南極で虹を見たという事例はほとんどありません。

しかし、夏の時期（12月から1月頃）は、南極大陸の周辺では気温がプラスになる日も多く、雨が降れば、虹が見える可能性があります。夏の太陽は低い空を回る（白夜のときは、東西南北を通って低空を一周する）ので、時刻に関係なく、チャンスがあります。

私も、もしかしたらと思って狙っていましたが、降雨を確認できませんでした。ところが、一緒に昭和基地で越冬していた気象庁の小森智秀隊員が、1月にきれいな虹の撮影に成功しました。そのときは強い地吹雪の状態（南極ではブリザードと言う）で、雪が舞い上がっていました。空の上ではプラスの気温だったので、雪が融けて水滴になっていたようです。非常に珍しい昭和基地での虹の写真です。また、霧が出ていたときに白虹（霧虹）を見ました。

撮影：小森智秀さん（第50次南極観測隊員）

虹ビーズで虹を見る

水滴の虹ではなく、ガラスやプラスチックの透明な球でも虹を見ることができます。虹ビーズはもともと、摩擦を減らすための球形の小さな粒だったのですが、虹色がうまく再現できることから、虹ビーズという商品名で販売されています。

用意するもの

スプレーのり
（粘着力の少ないタイプ、例えば3Mスプレーのり55）

虹ビーズ
（「ニュー虹ビーズ」という製品名、400gや800gで千数百円）

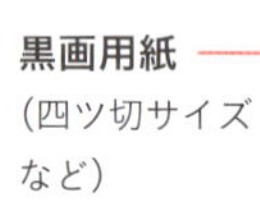

黒画用紙
（四ツ切サイズなど）

新聞紙
（下に敷くため）

テープ
（新聞紙のまわりを高く折り、ビーズが外にこぼれないようにする）

❶スプレーのりをまんべんなく吹き付ける（ムラができないように注意）

❷虹ビーズをふりかける（小さなビニール袋などを使うとやりやすい）

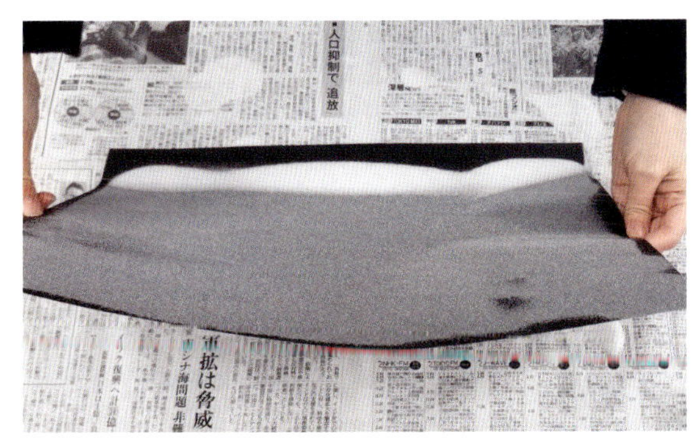

❸紙を上下左右にゆすり、虹ビーズが全体に均一に付くようにする（紙からなるべくこぼれないように慎重に。虹ビーズを追加してもよい）

❹太陽を背にして紙を持つときれいな虹が見られる。（紙までの距離が変わると、紙の上の虹の幅が広がる。また、虹の内側の方が明るいこともわかる）

壁やベニヤ板などにたくさんの紙を貼ると、より大きな虹や丸い虹を見ることができます。また、暗い室内で豆電球などを紙の近くに置くと、小さな虹が見られます。両目で見ると虹が浮かんで見え、手に触れそうな感じになるのがおもしろいです。

こんな虹もある

めったに見られない不思議な虹があります。

太陽の光が、湖などの水面に当たって虹をつくったらどうなるでしょうか。虹は太陽と反対側の点（対日点）を中心に約40度の角度にできますが、水面に反射した太陽光の対日点は、地平線よりもずっと上になるため、半円よりも大きな虹が見えるチャンスがあります。本来の虹と一緒に見えたら、主虹が２つ、副虹が２つと、４つの虹が同時に見られます。ただし、日本では風が吹くことが多く、水面に波ができやすいので、この虹はまず見られません。

また、主虹がたもとから上がるにつれて、わずかに２つに分かれたように見える場合があります。水滴の直径が3mm程度よりも大きいと、水滴の形がやや扁平になり（アンパンの形に近くなり）、小さな雨粒と大きな雨粒で角度がわずかに異なることが起こるようです。

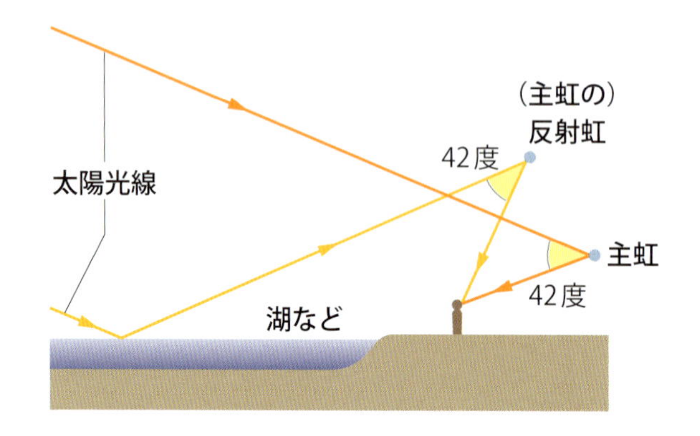

太くなる虹　虹の太さはふつう決まっていますが、ときにはこうして上にいくほど太くなる虹があります。雨粒の大きさがそろっていないことや、雨粒が扁平していたためと思います。　(9月 宮城県)

遠くに見える虹色　雲の向こうの山の方に、明るい虹色の輝きが見えました。遠く雨が降っている場所に太陽の光が当たったためです。虹とは思いにくいですが、左が赤色、右が青色で、虹の輝きに間違いないです。　（3月 ハワイ島）

小さな虹　だんだん晴れてきた空に小さな虹色が見えました。しばらく本当に虹なのか悩みました。幻日と似ていますが、幻日は高い空にある氷の粒の雲にできて太陽の横にあり、これは太陽と反対側に見えたので違います。一部だけに雨が降っていて、ちょうどそこに太陽の光が当たった小さな虹です。

（10月 千葉県）

クモの巣の水滴による虹　朝、クモの巣にはたくさんの露が付いていました。見る位置を変えると次々と輝きが移り、巣のあちこちでいろいろな色が見えました。クモの巣に同じような大きさの水滴がたくさん付いているときは、空に見える虹のような、色の付いた帯がわかります。

（6月 群馬県）

第3章

虹の見つけ方

虹が見られるときの天気

虹が見えるタイミングは太陽の光と雨雲の動きの組み合わせによって変わります

太陽の光が低い位置(高さが40度以下)から空に当たっている状態で、太陽と反対側の空に雨が降っているとき、虹が見られます。

雨雲が朝にやってくるときには西の空、夕方に去っていくときには東の空に虹が出ることが多いです。まれに雨雲が東から西、あるいは南から北へ動くこともあり、イレギュラーな虹もあります。ハワイでは貿易風のため、雨雲は東(北東)から西(南西)へ動いていきます。

虹を見るには、晴れと雨の境がはっきりしている方がよく、積乱雲から降るにわか雨が好条件です。台風のまわりや寒冷前線近くには積乱雲が多く、それらがうまく通過するタイミングを計ります。

また、強い風で水滴が空を舞うことがあり、それによって虹ができることがあります。台風が通過したあとや、冬型の天気のときの太平洋側の山沿いなどで、青空に虹ができます。

雨の降り方が強いほど、はっきりとした鮮やかな虹になりやすく、雨が弱いと虹も淡いです。霧雨になると薄い虹になり、白っぽく感じられます。

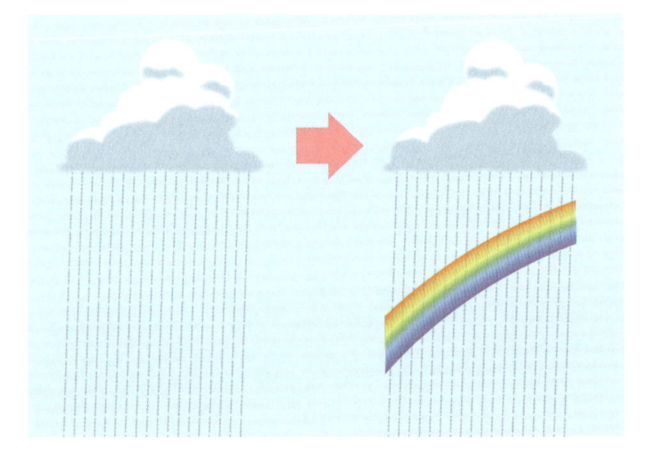

雨を降らせている積乱雲が、だんだん太陽と反対側の方へ動いていくと、雨の部分に虹が見られます。雲の動きから虹を予想できます。

夕方の晴れた空に、このような、もくもくとした入道雲（雄大積雲）が見えてきたら、その雲がある方角を調べましょう。太陽と反対側であれば虹が期待できます。この雲はまだ雨を降らせていませんが、あと10分ほどで積乱雲となり、急な雨を降らせる可能性があります。そしてにわか雨は10分ほどで終わるかもしれません。虹はタイミングが勝負です。

雨のすじを見つけよう

雲から下がるすじに太陽の光がよい角度で当たると虹を見ることができます

　雲からすじが下がっていたら、それは雲から雨が落ちているところです。そこに太陽の光がよい角度で当たれば虹が見られます。やや遠くにすじがある場合は、雨が降らずに虹だけが小さく見えます。こうした虹は見逃すことが多いので、空をしっかり観察する必要があります。気温が高くて湿度も高いとき、雲から雨が降りやすくなります。そのため、ハワイや沖縄などでは虹が多いです。

　気温が低いときは雲からのすじが曲がっています。それは、雪（氷の粒）が舞っていて、落下速度が遅いため風で流されているのです。雪では虹ができません。

雲から降っている雨がすじになって見えています。ここに太陽の光がうまく当たれば虹が見られます。

くねくねと曲がったすじは雪になるものです。太陽の光が当たっても虹はできません。

雨のすじにちょうどうまく太陽の光が当たり、雨の部分だけ短い虹ができました。

虹がよく見える場所

どこにいても虹を見ることはできますが、
見る機会を増やすにはコツがあります

虹を見たことのない人はほとんどいないでしょう。ということは、どこにいても虹を見るチャンスはあるということです。しかし、より多くの虹を見たいときには、虹がよく見える場所にいるようにします。

太陽が地平線近くにあるときに、虹は最も大きくなります。見上げる高さ（約40度）は意外と高く、左右は両手を広げた幅（約80度）にもなります。太陽と反対側の空が開けていた方がよく見えます。海岸、山や丘、土手、田畑など、空を見渡せる場所を身近に探しておきましょう。また、最近は高層マンションや展望台から虹を見る人がいて、東京のビルから大きなきれいな虹を見る人もいます。

もし、東京スカイツリーから虹を見たらどうなるでしょうか。雨が下の方まで降っていたら、丸い巨大な虹が見られるかもしれません。実際に見た人がいて、感動したようです。超高層ビルからも、下の方まで広がった虹が見えるかもしれません。また、離発着する飛行機やヘリコプターからも下に虹ができているのが見え、うまくいけば丸い虹が見えるかもしれません（窓が小さいと虹の全体は見えませんが）。ただし、飛行機などから丸い虹を見たというのは、ブロッケン現象のことを言っている場合が多いです。

虹を想像しましょう。虹は両手を広げた幅くらい大きいです。
空の広く見える場所を探しましょう。

横浜市の港の見える丘公園から見た空です。こうして空がよく見える場所を知っていると、虹が出そうなときに行き、大きな虹を眺めることができます。街中のビルの間の虹とは全く違います。

季節と虹の関係

春夏秋冬、いつでも虹は出ますが、季節ごとに
見えるタイミングは異なります

虹が出やすいのは、雨が降りやすい時期です。夏の夕立のあとに虹を見る人が多いのはそのためです。日本の季節では、春から夏ににわか雨が多く、大きな虹が最も出やすくなります。夏から秋の、台風通過直後に虹を見ることもあります。

また、冬のはじめに、時雨が降るところでは、日中であっても、やや短い虹を見る機会があります。時雨虹は、琵琶湖付近や京都などがよく知られていますが、仙台などでもよく見られます。寒くなって雪になると、虹はできなくなります。

季節によって虹が見られる時間（東京付近、太陽高度が0～40度の時刻を5分刻みで表示）

	春（4月中旬）	夏（7月中旬）	秋（10月中旬）	冬（1月中旬）
朝	5:10～8:35	4:35～8:05	5:45～9:45	6:40～
夕方	14:50～18:15	15:30～19:00	13:05～17:10	～16:30

虹は季節によって見ることができる時間が違います。太陽が出ていて、反対側に雨が降っていても、この時間以外、虹は見られません。山の上や高層ビルからなら、見られる時間がもっと延びます。冬は日中ずっとチャンスがあります。また、朝の虹は早い時間に現れることがわかります。そして、大きな虹が見える時刻は、日の出直後と日の入り前です。朝は左側の時刻のあと、夕方は右側の時刻の前がよいでしょう。季節の変わり目は、この時刻の間をとってください。

春

春は低気圧が発達しやすく、春の嵐がしばしばあります。急に雨が上がるタイミングを狙って虹を探してみましょう。また、大陸からの上空の冷たい空気による寒冷渦（寒冷低気圧）によって、人気が不安定になり、にわか雨が降ったときがチャンスです。

夏

最も虹を見る機会が多いでしょう。日中に暑くなると、午後に積乱雲が湧きやすく、夕方に通り雨があれば、虹ができる可能性が高いです。また、山の上などから、雲や霧に白い虹が見られることもあります。

秋

高気圧に覆われる日が多く、虹を見るのが難しい季節です。狙い目は台風が去るときで、寒冷前線通過時も可能性があります。また、雲海に白い虹が見えることもあります。

冬

冬のはじめに時雨が降ることがあります。冬は太陽高度が低いので、正午前後にも北の空低く虹ができます。風が強いときは、空に舞う水滴で、青空に虹が見えることもあります。寒くなって雪になると、虹はできなくなりますが、沖縄などでは雪にならないので、虹を見るチャンスがあります。

朝の虹・夕方の虹

虹は夕方の雨のあとに見えるというイメージがあります。どうしてでしょうか？

冬は日中ずっと、それ以外の季節は朝と夕方に、虹を見ることができます。虹は夕方の雨のあとに見えるというイメージがありますが、それには理由があります。まず、にわか雨を降らす入道雲（積乱雲や雄大積雲）は午後から夕方に発生することが多く、朝よりも夕方の方が、にわか雨の通過が圧倒的に多いのです。また、朝は雨が降る前、夕方は雨が降ったあとに虹が出ることが多いので、雨が上がって明るくなったときに空を見る人が多いでしょう。そして、春や夏の朝は早い時間なので、外に出ている人が少ないこともあるでしょう。

朝の虹は、太陽が東の空に出ていて、雨を降らす雲が西の方からやってくるときに出ます。でも、虹に見とれていると雨が降ってきます。夕方は雨が上がって安心して虹を見ることができるのに対し、朝は雨に降られて、虹に裏切られたかのような気分になります。

ただし例外もあります。台風が南からやってくるときなどは、いつもと違うタイミングで虹が出ます。台風は反時計回りの渦なので、南にある台風に対して東の方から積乱雲がやってくることもあるためです。またハワイでは、朝は雨上がり、夕方は雨の前がふつうです。赤道地方でも虹が出ますが、雲の動きは複雑でしょう。

夕方に虹を見た方も、朝の虹に挑戦してみてください。このあとの項目を参考に、虹を予想して待つことができれば、見るチャンスが大きくなります。

「朝虹は雨、夕虹は晴れ」ということわざ

これはまさに、虹をしっかり観察していた昔の人が経験してわかったことです。天気予報がない時代に虹が役立っていたのです。

朝虹　富士山を越えて雨雲が流れてきました。朝日が少し出ると、虹が出始めました。この数分後、雨が降ってきたので、急いでカメラをしまうことになりました。

夕虹　にわか雨が上がって、太陽が出てきたとき、東の空にきれいな虹が現れました。しっかりと予想していたので、虹が見えそうな場所で待っていました。

天気図と虹

天気図や予想天気図を見て、虹が見えるタイミングを知ることができます

1. 台風や低気圧が去るとき

夕方に台風や低気圧による雨が急に止み、西の方から太陽の光が差すときに、最も虹を見ることが多いです。日本列島の天気はたいてい西から東へ変わるので、台風や低気圧が夕方に去っていくときが、東の空に虹を見るチャンスです。台風や低気圧の動きを天気図で見ながら、予想天気図もチェックして、虹を期待しましょう。虹を見る場所を決めておき、カメラをすぐに出せるようにしておきましょう。まだ雨が降っているときから、虹が見えそうな場所へ移動すると、チャンスが増えます（台風の場合は危険です）。

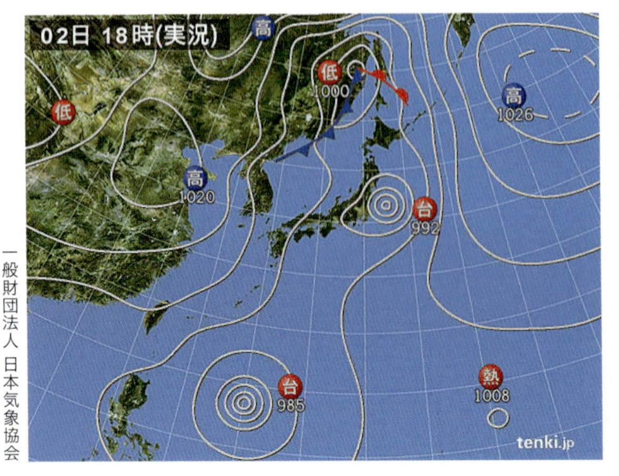

一般財団法人 日本気象協会

10月に台風が東へ過ぎ去るとき、千葉県で鮮やかな虹が見られました。台風の進路には注意が必要です。

2. 寒冷前線通過の前後

寒冷前線通過時は、台風が過ぎるときのように、急に雨が止んで虹が現れる可能性が多くなります。また、朝に寒冷前線が接近する場合も、しばしば虹が見られますが、虹を見た直後に雨が降ってくることが多いので要注意です。

天気図から、寒冷前線が通過するタイミングを読み取り、朝は通過直前、夕方は通過直後に虹を探しましょう。寒冷前線は、雷が発生したり突風が吹くことがあるので、観察には注意が必要です。温暖前線は曇ってから雨が降るので、まず虹は見られません。停滞前線は、にわか雨の場合もあって、可能性が少しありますが、雨雲があまり動きません。

一般財団法人 日本気象協会

朝に東京を寒冷前線が通過し、そのタイミングで朝虹を見ることができました。雨は狭い範囲のにわか雨で、虹が見られたのはわずかな時間でした。

気象衛星画像と虹

気象衛星画像と天気図を組み合わせると
虹予想の精度が高くなります

気象衛星画像を見て、虹を予想することができます。通常使われる赤外画像で、真っ白にかたまった雲は積乱雲であることが多く、その下で強い雨が降っています。雲の境がはっきりしていて、それが朝夕に通り過ぎると虹が見られる可能性があります。

春や秋などは雲が流れやすいのですが、夏や冬は雲があまり移動しないこともあります。気象衛星画像を連続動画にして（気象庁のウェブサイトで見られます）、タイミングを計算するとよいでしょう。

ただ、1つの積乱雲は1～2時間で寿命を迎えるので、いつまで積乱雲の群れがつづくかも気にしなくてはなりません。天気図を一緒に見ると、さらに発生予想がうまくいくでしょう。

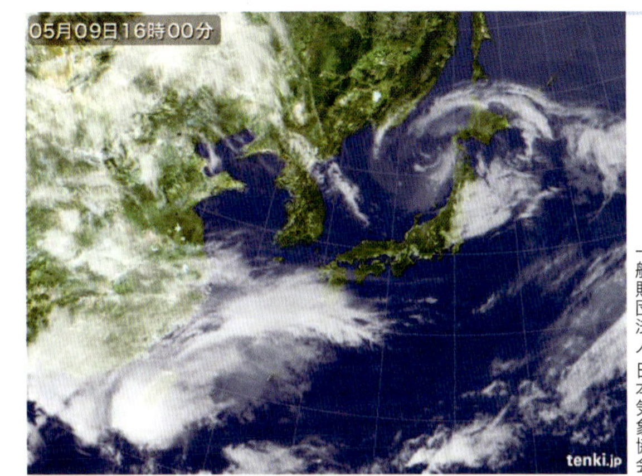

一般財団法人 日本気象協会

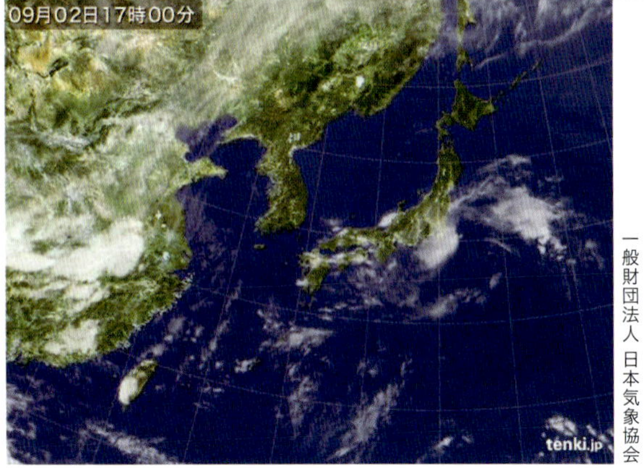

一般財団法人 日本気象協会

左ページ上の気象衛星画像で、夕方に大きな雲のかたまりが千葉県を通り過ぎることがわかりました。東の空が見える場所で待機していると、予想通りきれいな虹が現れました。（千葉県）

宮城県で、夕方に、東の方から雲がやってくるのが気象衛星画像（左ページ下）からわかりました。西空に太陽が出ている状態で、東空が暗くなってきました。見晴らしのよい田んぼの中で待っていると、自分の影のまわりに大きな虹が現れました。そして、このあと、激しい雨が降ってきました。（宮城県）

虹観察の失敗談

虹は、偶然に見つけることもあれば、狙って待つこともあります。虹は雨が降っている空にできるので、朝、西の空に見えた虹の写真を撮っていると、急な雨に濡れてしまうことがあります。これは西の方から雲が流れてくることが多いためです。「朝虹は雨」ということわざがありますが、身をもって体験しました。ちなみに、夕方は雨上がりに虹が見られることが多いのですが、まれに雨の前に虹が出ることがあります。これは東や南から雨雲がやってくることがあるためです。夏に多い現象で、台風接近時などもイレギュラーな雲の動きがあります。

また虹がよく出るハワイでのことです。ハワイは貿易風が北東や東から吹くことがふつうで、その風によって雨雲がやってくるため、朝は雨のあと、夕方は雨の前となり、日本と反対になります。そのため、雨は急に激しく降りやすく、夕方に虹を見ていると濡れてしまいがちなのです。

空が広く見えない場所では、雨上がりの虹を探すのはたいへんです。急いで屋上や広場へ行っても、虹はたいてい数分間で消えてしまいます。そのため、ある程度予想して待ち構えることも必要です。だんだんと弱くなる雨や、曇りの時間があると、雨雲が遠くに去ったり、太陽がうまく出なかったりして、虹が見えません。「雨上がり＝虹」という単純な図式ではなく、雨が近くにあって、反対の低い空から強い太陽光線が差すタイミングが必要なのです。ちなみに正午前後の昼間は虹が出ないと思いがちですが、冬の場合は太陽高度が低いため、北の空低くに虹が出ることがあります。色のきれいな時雨虹を、北の空に見ることがあります。

右：ハワイ島のさえぎるものがない溶岩原の上に、期待していた大きなアーチ状の虹が出てきました。ハワイでは夕方の虹は雨の前に見えるとわかっていましたが、このきれいな虹に見とれていました。すると、数分して強い雨がやってきました。風も吹き、傘があまり役に立ちません。雨宿りする場所もありません。持っていたビニール袋にカメラを入れましたが（これは大事です）、体はだいぶ濡れました。

虹撮影のコツ

きれいな虹が空に出ていると、慌ててカメラを取り出して撮ってしまいがちです。そして、写真で見ると美しくない虹になってしまうことがよくあります。

空に大きな虹が出ていて、地上の建物などと一緒に広く撮ると、虹は白っぽく淡くなってしまうことがあります。地上の建物などは空よりも暗いので、空が明るく写ってしまうと、空よりも明るい虹は、白っぽくなって色がうまく出ません。そうしたときは写真全体を暗め（マイナスの露出補正）にして撮るのがコツです。また、広く空を撮るほど、虹の幅が狭くなり、目で見たように色がきれいに出なくなります。虹をやや大きめに撮らないと色はたくさん写りません。

最近のカメラは全体が明るめで、柔らかく写る傾向があるように思います。女性の顔が白くきれいに写るようにという設定になっている感じがしています。虹はそれと反対で、やや暗めで、鮮やかにはっきり写ってほしいものです。カメラの色設定を「風景」や「ビビッド（鮮やか）」にすると、虹色がうまく出やすくなります。露出を変えて何枚か撮ったり、虹の部分をスポット測光するとよい場合もあります。また、HDR（ハイダイナミックレンジ）使用やダイナミックレンジ拡張ということも効果的でしょう。

カメラのセンサーはRGBの3色なので、虹の微妙な色を出すのは難しく、カメラメーカーによって色の出具合が違います。この本のほとんどの写真は、虹の色がうまく出やすい、富士フイルムのカメラを使っています。また、レンズによって写り方が変わり、性能のよいレンズほど、虹の色がきれいに出る傾向にあります。スマホなどは、レンズの汚れが影響することもあるので、注意したいところです。

また、虹は思ったよりも大きいものです。広角レンズに全部入りきらないときは、2、3枚に分けて撮るか、パノラマ機能を使いましょう。虹を撮るために超広角レンズや対角魚眼レンズを買う方法もあります。

朝夕の大きな虹は、水平方向に最大で84度にもなります。この写真は24mm(35mm換算)の広角レンズで撮影しましたが、全体が入りませんでした。24mmというのはコンパクトデジカメや標準ズームで最もワイドです。大きな虹を撮るために超広角レンズと魚眼レンズが必要です。超広角レンズは地平線が平らですが、虹が歪みます。対角魚眼レンズは地平線がカーブしますが、虹は見た形に写ります(どちらを選ぶかは好みです)。

プリズムで室内に虹をつくる

インターネットで探すと、数百円で5cm程度の三角プリズムが売られています。断面が直角でなく、60度のものを選びます。これを手に持って、太陽が当たる窓際へ持っていきます。プリズムを横にして、回転させ、数m離れた壁などに光を当てたりしてみましょう。

反射光の中に、色分かれした光が見えてきます。角度を調整すると、縦に伸びたきれいな虹色を見ることができます。距離があるほど、虹が大きくなるので、できるだけ大きな部屋でやってみましょう。

赤が強く鮮やかで、橙、黄、緑、青、紫と順に色がわかります。赤色は集まっている感じで、紫色はかなり伸びています。これは空の虹も同じで、赤色が強く、青っぽい色は薄くなって見えづらくなっています。

数百円で買える三角プリズム

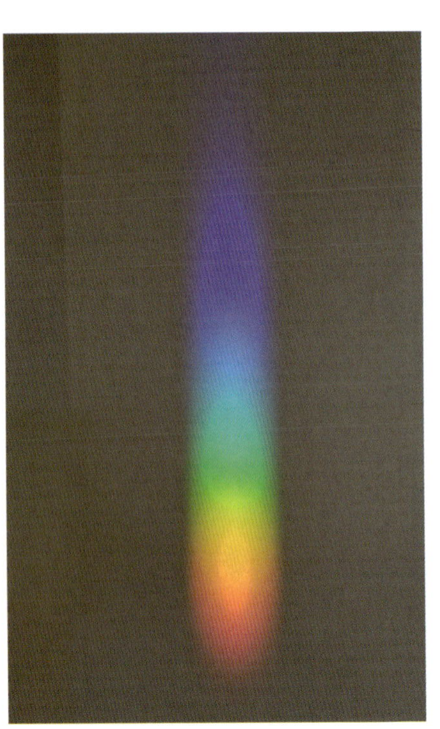

遠くの壁に映った虹色の光

第4章

虹色の自然現象一覧

本来の虹のほかにも虹色を見ることはできます。自然界にできる虹色を探してみましょう。

※●数字は掲載ページです。

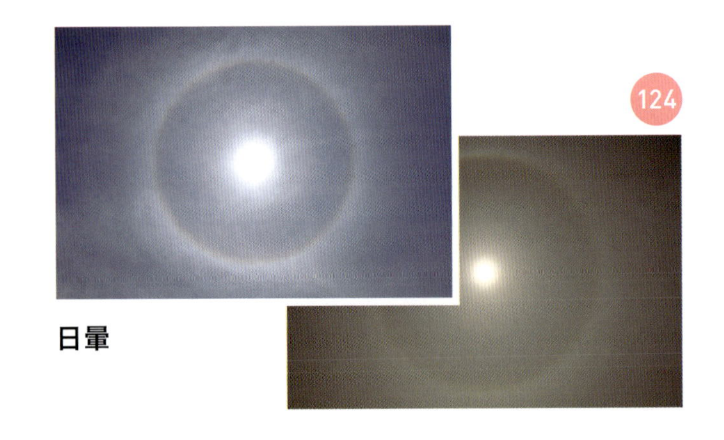

日暈

124

幻日

126

128
環天頂アーク・
環水平アーク
130
光環
134
彩雲
138
ブロッケン現象

140

ダイヤモンドダスト

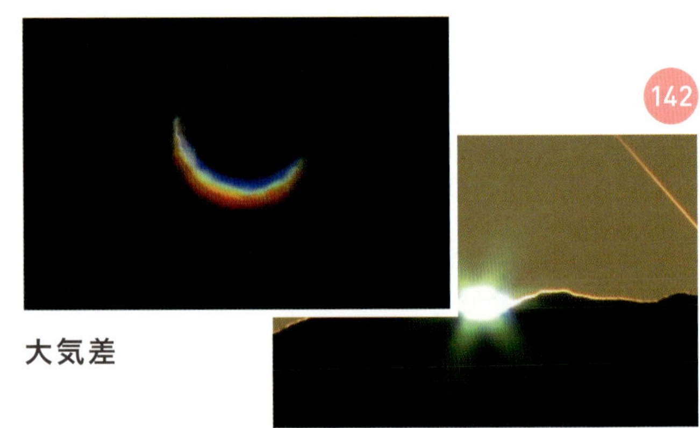

142

大気差

144

薄明

146

地球影とビーナスベルト

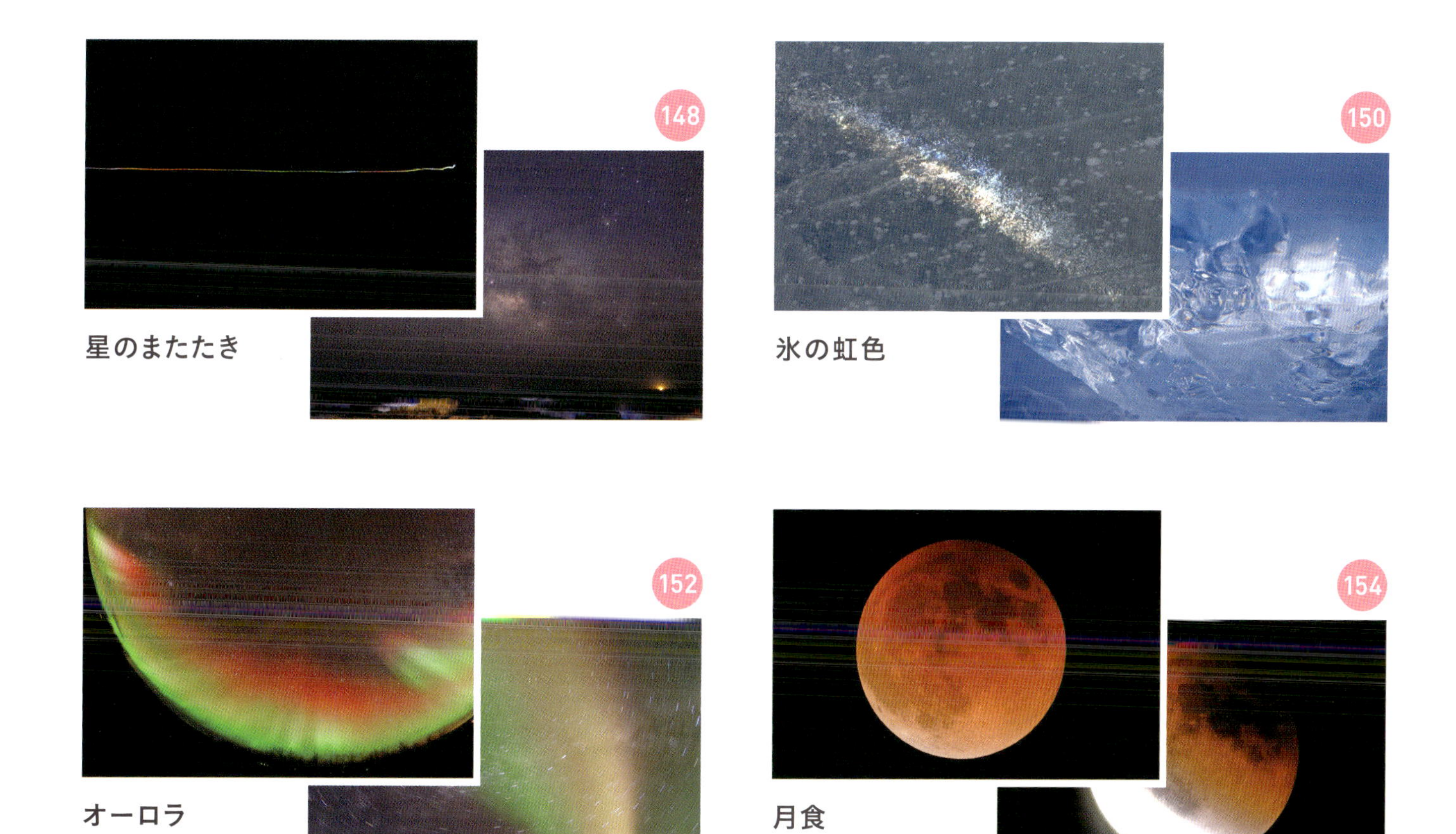
148
星のまたたき
150
氷の虹色
152
オーロラ
154
月食

日暈　太陽のまわりに丸い虹が出ていると話題になることがありますが、この現象は日暈（現象名を、22度ハロまたは内暈）と言い、雲の氷の粒による屈折現象なので、虹の仲間ではありません。六角形の細長い柱状の氷の結晶（鉛筆を途中で切ったような形状）は、太陽の光を22度の角度に曲げて出し、その光は少し色分かれします。赤色や黄色などはわかりやすいですが、緑色や青色が見えることはまれです。虹と同じように光が集中したところで色をつくるため、日暈の内側よりも外側の方がやや明るくなります。　（5月 千葉県）

ひがさ／にちうん

レア度	季節 一年中	時間帯 昼間
◆◇◇	タイミング うす雲かすじ雲が太陽のまわりにあるとき	

月暈　月のまわりにできるときは月暈と言います。ただし、月の明るさはとても弱いため、街中では存在がわかりません。空が暗い場所だと、淡く色づいた幻想的な光のリングが見えます。巻層雲（うす雲）が広がったときにでき、低気圧が遠くからやってくるときが多いので、だんだん天気が悪くなる傾向にあります。直径は虹の半分程度ですが、山奥で見る月暈は結構大きく感じます。

（12月 北海道）

両側にできた幻日

幻日（げんじつ）

レア度	季節 一年中	時間帯 朝と夕、冬は昼も
◆◆◇	タイミング うす雲かすじ雲が太陽の横にあるとき	

太陽の近くに上層雲（巻雲や巻層雲）がやってきたとき、太陽の左右（22度かそれより少し多い角度）に明るい光の輝きができます。淡く日暈も見えていて、日暈の一部が輝いたようにも見えます。雲の氷の粒は六角形の短柱状になっていて、それが横になって浮かび、側面で太陽の光を屈折させます。内側が赤っぽく、外側が青っぽいのは日暈と同じです。また、側面で太陽の光を反射させることもあり、幻日から白いすじが横に伸び、ときには太陽を通って空を一周します。これは幻日環と言います（左ページの写真にもうっすらと写っています）。また右の写真のように、幻日を拡大して撮ると、雲の氷の粒の一部分が幻日になっているのがわかります。まれに、ダイヤモンドダストで幻日が見られることがあります。　（どちらも９月 長野県）

拡大した幻日

巻雲にできた環天頂アーク

巻層雲にできた環天頂アーク

うす雲の空にとても美しい虹色の弧ができ、びっくりすることがあります。雲をつくる氷の六角形の短柱状の結晶の側面と上下面を太陽の光が通ったとき、光が屈折して色分かれします。朝夕に太陽の上にできる曲がりの強い弧が環天頂アーク、夏など太陽が高い昼前後に太陽の下にできる長くゆるやかな弧が環水平アークです。どちらも重なっていない色で、とても鮮やかです。環天頂アークは天頂付近にあるため気づきにくいのですが、環水平アークは見つけやすい低空に出ます。

（左の写真：10月 神奈川県、右の写真：5月 千葉県）

環天頂（かんてんちょう）アーク・環水平（かんすいへい）アーク

レア度	季節	時間帯
◆◆◆	（環天頂）一年中 （環水平）春と夏	（環天頂）朝、夕 （環水平）昼
	タイミング	うす雲かすじ雲が高い空にあるとき うす雲かすじ雲が太陽の下にあるとき

巻層雲にできた環水平アーク

環水平アーク　低い空に鮮やかな環水平アークが出現しました。昔の人が「慶雲」などと呼んだのは、環水平アークのことかもしれません。　（6月 東京都）

月の環天頂アーク　月による環天頂アークができたとき、街中からも色がはっきり見えたのには驚きました。　（10月 神奈川県）

夜に見られる月の環天頂アーク

太陽の光環　太陽をうろこ雲などのうすい雲や霧がおおうと、太陽のまわりが明るくなり、内側が青っぽく、外側が赤っぽく円盤状に色づいて見えることがあります。この現象を光環と言い、薄い雲をつくる水滴の粒の大きさや間隔がそろったときによく見られます。巻積雲（うろこ雲）にできることが多く、高積雲（ひつじ雲）や層雲、そして霧にも見られます。光環はたくさんの水滴によって太陽の光が回折・干渉したものです。太陽がまぶしくてはっきり見えないこともありますが、車のガラスや水たまりに映ったものがきれいです。風呂場などの窓ガラスが曇ったときにも見られます。　（3月 茨城県）

光環（こうかん）

レア度	季節　一年中	時間帯　昼間（太陽）、夜（月）
◆◆◇	タイミング　うろこ雲などが太陽をおおったとき	

月の光環　月の手前をうろこ雲などが通過するとき、内側が青色で外側が赤っぽい色に輝きが見られます。雲をつくる水の粒の間を光が通るときに、色ごとに曲がる角度が違い、色分かれして見えます。月はまぶしくないので観察しやすく、色もよくわかります。秋から冬の澄んだ空に見える月の光環は美しい眺めです。
(3月 千葉県)

太陽の花粉光環（太陽を電柱で隠した） 花粉光環は、最近になって知られてきた現象です。関東などでは3月などスギ花粉の多い時期、太陽や月のまわりに花粉による光環がしばしば見られます。快晴で全く雲がないのに光環が現れ、原因を考えたら花粉だったのです。スギ花粉は形と大きさがそろっているので、光環の色が鮮やかです。太陽を電柱などで隠すと、とてもきれいな色が見えます。 （3月 千葉県）

月の花粉光環　半月から満月の間の明るい月の場合にも、花粉による月の光環が見られます。時期は3月頃と決まっています。月の花粉光環は、街灯の少ない場所でないと、なかなか見つけにくいものです。月の場合は眩しくありません。　(3月 千葉県)

太陽の彩雲　太陽の近くに、高い空にある巻積雲（うろこ雲）がやってきたとき、ピンク色、橙色、緑色、青色などに色づいて見えて、驚くことがあります。彩雲と言い、とても美しい色彩になることがあります。そして、雲が動くと色づく場所が次々と動いていきます。彩雲は虹と同じように太陽と雲と観察者の位置関係で見えます。光環から連続して見えることもあり、光環と同じ、水の雲の粒による回折・干渉現象によって起こります。低い位置にある、高積雲（ひつじ雲）や積雲（わた雲）などに見えることもあります。雲が薄くなって消えていくときにできやすく、富士山の雲にできる彩雲が見事です。

彩雲（さいうん）

レア度	季節　一年中	時間帯　昼間（太陽）、夜（月）
	タイミング　うろこ雲やひつじ雲が太陽の近くにあるとき	

左：澄んだ青空に鮮やかな赤色などが印象的でした。彩雲は空が澄んでいる場所と時期に、高い雲にできやすいです。雲の水の粒の間を太陽の光が通るときに色分かれします。この写真は望遠レンズで撮影しています。

（2月 北海道）

右：太陽の上をうろこ雲が通過していくとき、雲にさまざまな色が見られました。雲自体に色が付いているのでなく、雲が動いても彩雲が見える位置は変わりませんでした。よく見ると広い範囲が彩雲になっています。

（9月 群馬県）

富士山の雲の彩雲　彩雲は消えていく雲によくできます。雲の粒が小さくなり、薄くなっているからです。富士山から流れてきたこの雲は、低い雲ですが、条件がそろってきれいな彩雲になりました。彩雲は特定の色が目立つことがあります。（2月 山梨県）

月の彩雲　月明かりによる彩雲です。満月なので明るく、昼間の太陽のように雲の色がわかりました。月でも彩雲ができますが、光が弱いと白っぽく見えてしまいます。空が暗いところでないと気が付かないでしょう。　(5月 沖縄県)

ブロッケン現象

レア度	季節 一年中	時間帯 朝と夕
◆◆◆	タイミング 霧や雲に自分の影ができるとき	

山でのブロッケン現象（左）　霧に自分の影が映り、影の頭のまわりに円形の色づいた輝きができる現象を、ドイツのブロッケン山でよく見られることから「ブロッケン現象」と言います。日本では古来、「御来迎」と読んでいました。山で見られる御来迎は、今では「御来光」と言い、日の出を見ることになってきました。御来迎に出合うことは、山岳信仰の大事な行事だったと思いますが、なかなか見られないので、容易に見られる日の出を拝む方が現実的なのでしょう。この現象は光環と同じように、水滴によって光が曲げられてできるもので、正しくは後方への光の散乱の角度が光の波長によって異なるために発生する現象です。円形の色は二重や三重にくりかえすことがあります。ブロッケンは見る人と一緒に動き、これをおもしろいと思うか、びっくりするかはその人次第です。光が強くなるほど色がはっきりします。　(9月 群馬県)

飛行機からのブロッケン現象（右）　朝夕に太陽光が当たる霧を探すより、飛行機に乗って雲にできるものを探す方が見られるチャンスは多いです。朝早い飛行機に乗って、太陽と反対側に座ると、かなりの確率で見ることができます。離発着時など、飛行機が雲に近いときの方がよく見えます。　(12月 飛行機から)

ダイヤモンドダスト

レア度	季節 冬	時間帯 朝
◆◆◆	タイミング 晴れてマイナス10℃くらいのとき	

朝のダイヤモンドダスト（左） ダイヤモンドダストは、小さな氷の粒が空中を漂い、太陽の光などをキラキラと跳ね返す現象です。氷の表面の反射だけだと色づきませんが（例えば平たい雪の結晶の場合）、氷の粒の中に光が入って屈折すると、色分かれして、さまざまな色が次々と見られます（立体的な氷晶の場合）。マイナス10℃程度に冷え込んだ朝、山の中腹でダイヤモンドダストが見られました。（3月 栃木県）

夜の氷霧のダイヤモンドダスト（右） 太陽が出てこない極夜の南極で、気温がマイナス26℃に冷えこんだときに氷霧が発生しました。そこにカメラのフラッシュを当てたところ、さまざまな色の輝きが写りました。（7月 南極）

ダイヤモンドダストはどんな粒

南極でダイヤモンドダストが舞っているときに、その粒をスライドガラスに採取し、顕微鏡で観察しました。すると六角形の短い柱状で、とてもきれいな形でした。その表面で光を反射するとともに、内部に入った光が屈折して色分かれするため、さまざまな色が見られるのです。大きさは0.070mmでした。

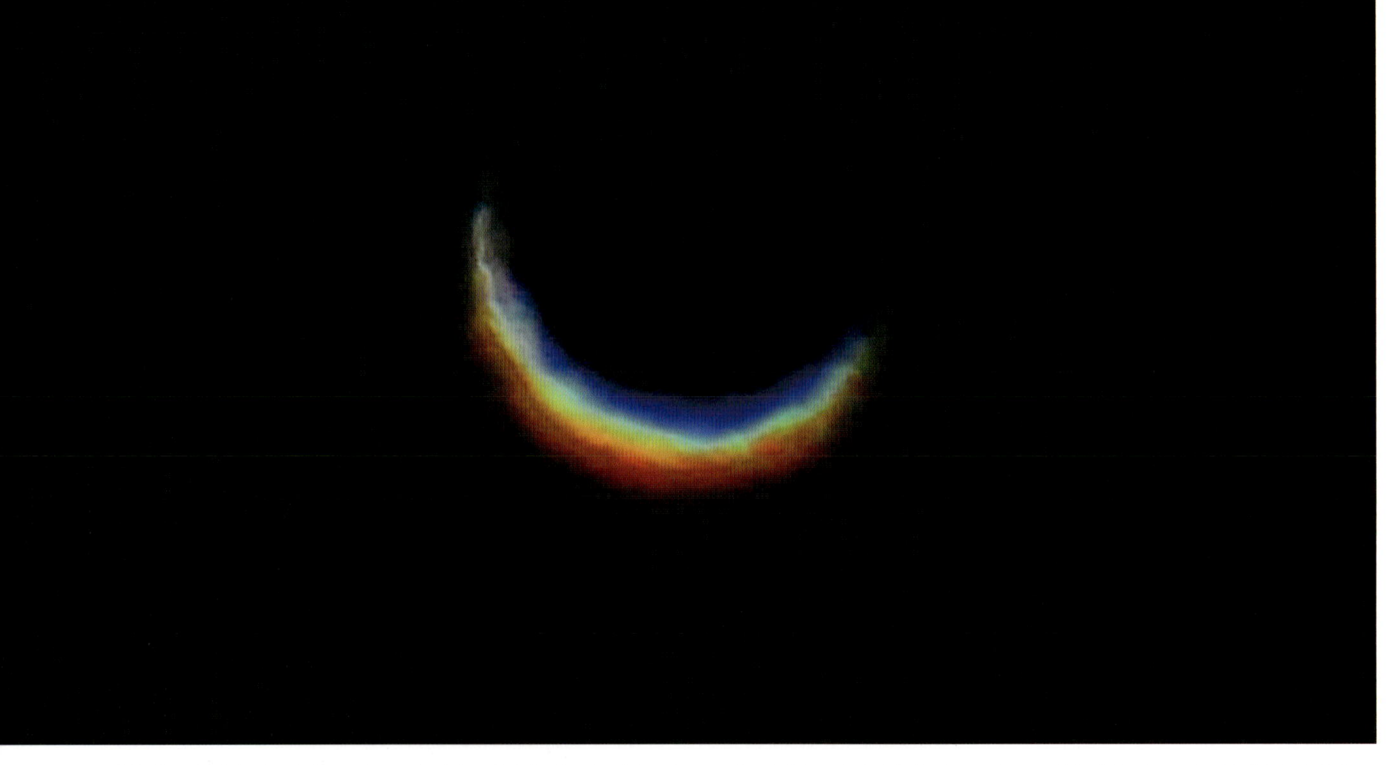

大気差による金星の分光　低空の金星を天体望遠鏡で見ると、虹のように見事に色分かれしていました。大気差によって波長ごとに色分かれしたのです。また、形がいびつなのは揺らいでいるためです。（12月 千葉県）

大気差

レア度
◆◆◇
季節 一年中
時間帯 夜（月、惑星、星）、朝と夕（太陽）
タイミング 低空の天体を望遠鏡で見るとき

グリーンフラッシュ　橙色の夕日が地平線に消える瞬間、最後に緑色に輝く現象を「グリーンフラッシュ」と言います。地球大気による太陽光の屈折が原因で、日の出時にも見られます。紫色や青色は大気による散乱でなくなってしまい、一番上の方に緑色が残りやすく、それがグリーンフラッシュになります。（12月 南極）

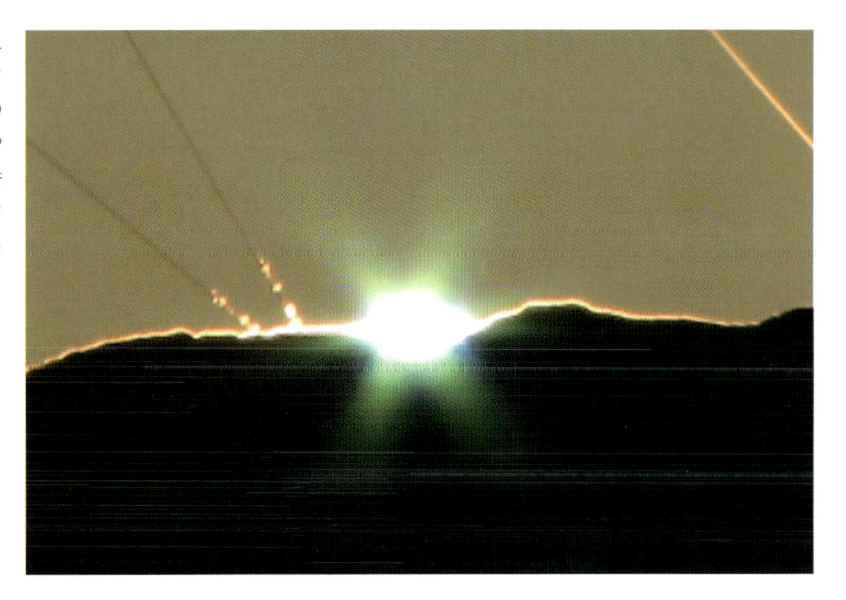

富士山に消える色づいた太陽光　富士山の斜面に太陽が沈むとき、上下に色分かれし、緑色などに輝くことがあります。（12月 千葉県）

大気差とは

地球の大気は、空気が地表付近は濃く、上空ほど薄くなります。光は空気の薄い方が通りやすいため、天体から来る光は上を凸にしてわずかに曲がります。そのため、日の出入りの太陽は直径1個分程度浮かんで（高い位置に）見えます。また色分かれすることがあり、グリーンフラッシュなどの原因となります。大気差はいろいろな天体に影響しています。

薄明（はくめい）

レア度	季節 一年中	時間帯 朝と夕
◆◇◇	タイミング 日の出前（東）か日の入り後（西）	

左：太陽が昇る40分ほど前の東の空は、巨大な虹が現れたかのように、美しい色彩に染まりました。「薄明」と言い、地球が丸く、地球大気の上の方から先に太陽の光が当たるために起きる現象です。大気は、散乱という現象により、波長の短い青っぽい光が空に散らばりやすいです。そして波長の短い光がなくなっていった太陽光線は、だんだん赤っぽくなり、地球大気を長く通過した地平線近くは赤っぽく見えます。その上に黄色があり、青色との間にはうっすらと緑色が見えることがあります。下の方に見える夜景の光にも、さまざまな色があります。　(9月 静岡県)

元日の夜明けを飛行機から撮影しました。地上よりも空気が澄んでいるので、薄明の色がとても鮮やかです。左下には雪をまとった富士山があり、天に向かってそびえているようです。高い山や雲が先に薄明の光を強く浴びています。このあと、地上よりもずっと早く、初日の出を見ることができました。飛行機が旋回し、富士山と朝日が重なるシーンもありました。薄明の色は空の状態によって毎日変わります。　(1月 飛行機から)

太陽が昇る直前、太陽と反対の西の空には、暗い青色の上に美しいピンク色の空がありました。暗い青色の部分は地球の影が空に映ったもので、「地球影」と言います。また、ピンク色の部分は成層圏に太陽光が当たったところで、その美しさから「ビーナスベルト（ビーナスの帯）」と呼ぶことがあります。ピンク色の部分が下がっていくと、東の方から太陽が昇りました。この光景は空が澄んでいる方がわかりやすく、この写真はやや低い空を飛ぶ飛行機から撮影しました。太陽が沈んだあとは、東の空に地球影が上がってきます。　(1月 山梨県上空)

地球影（ちきゅうえい）とビーナスベルト

レア度	季節 一年中	時間帯 朝と夕
◆◆◇ 	タイミング 太陽が地平線の下にあるとき、その反対の空で	

地球影の暗さは本当に地球の影なのかは、この写真でよくわかります。地球影が下がっていき、ビーナスベルトがかかるとき、富士山頂が太陽の光を受けました。地球影が下がるにつれて、富士山はどんどん明るくなりました。ビーナスベルトを背景にした富士山は美しいです。冬の寒くて澄んだ空の下で撮影しました。
(1月 千葉県)

星がさまざまな色に変化することがあります。星がよくまたたいているとき、星の明るさだけでなく、色も瞬間的にさまざまに変化しています。空が澄んだ夜、低空の一等星がまたたいていたら、よく見てみましょう。1秒間に数回以上、赤色、黄色、青色などに変化しています。赤っぽい星よりも、黄色や白色の星の方がさまざまな色がわかります。とても冷えた夜や、上空に強い偏西風が吹いているときは、空気の密度変化で星の光が曲がりやすく、色も付きやすいです。金星や木星などは明るいですが、恒星と違って見かけ上の面積があるため、またたきや色の変化はありません。この写真は、1秒間の星の色の変化をカメラを動かして撮りました。　（2月 千葉県）

星のまたたき

レア度	季節 夏以外	時間帯 夜
	タイミング 低空に一等星があるとき	

星は低い空にあるほどまたたきます。夜光虫が青く光る海の向こうから上ってきた、さそり座といて座など天の川の星々はキラキラとまたたいていました。天の川はたくさんの星の集まりですが、雲のように見えました。星の光は、低空だと大気の中を長く通るので、さまざまな大気の動きの影響を受けます。こうして水平線近くまで星がよく見えることは珍しいです。　（5月 千葉県）

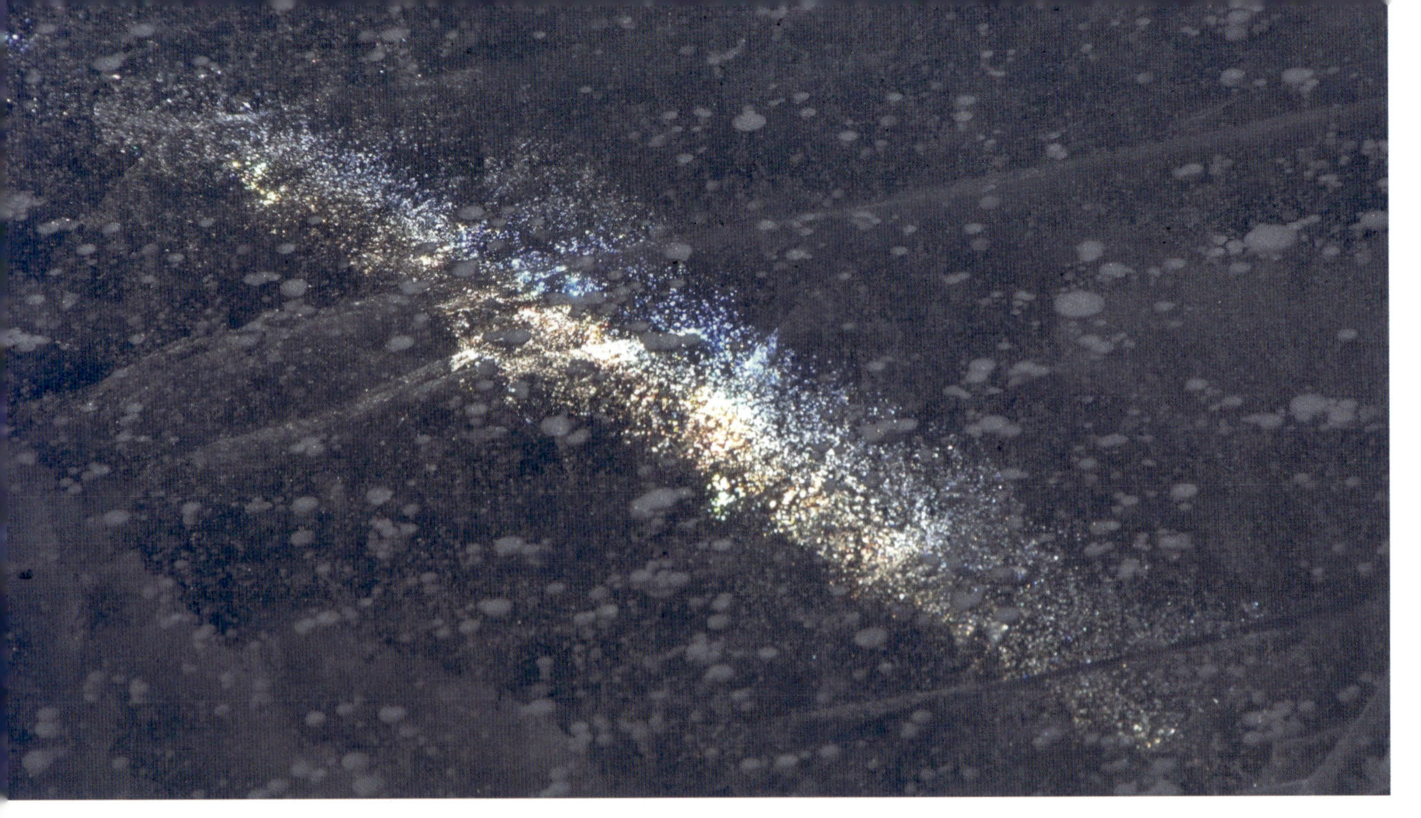

氷の表面にできた虹色　南極の氷の表面に虹色のきれいな輝きが見られました。赤から紫まで、虹色に輝いていました。氷の表面にできた小さな気泡によってできたと思われますが、とても珍しいものです。見る位置を調整しないとこの輝きは見られません。（11月 南極）

氷の虹色

レア度	季節 冬	時間帯 昼間
◆◆◆	タイミング 氷の中で光が曲がるとき	

氷の中の気泡がつくった虹色　氷の中にある小さなたくさんの気泡が太陽の光を屈折して、虹色の光の帯をつくることがあります。氷自体は丸くなりませんが、氷の中にできる気泡は丸くなります。氷の中に丸い気泡がたくさんある状態は、丸い小さな氷がたくさんあることと似ていて、また霜が入っていて、虹色の帯ができたようです。　(11月 南極)

氷の中のヒビがつくった虹色
透き通ったきれいな氷の内部にヒビが入ると、そこが虹色に輝くことがあります。
(1月 モンゴル)

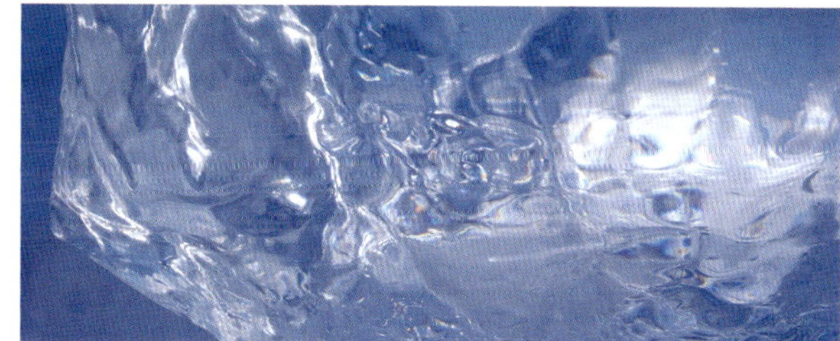

氷の凹凸がつくった虹色　透き通った氷の中を太陽の光が通るとき、氷の表面の凹凸によって色分かれした虹色が見えることがあります。
(3月 ロシア)

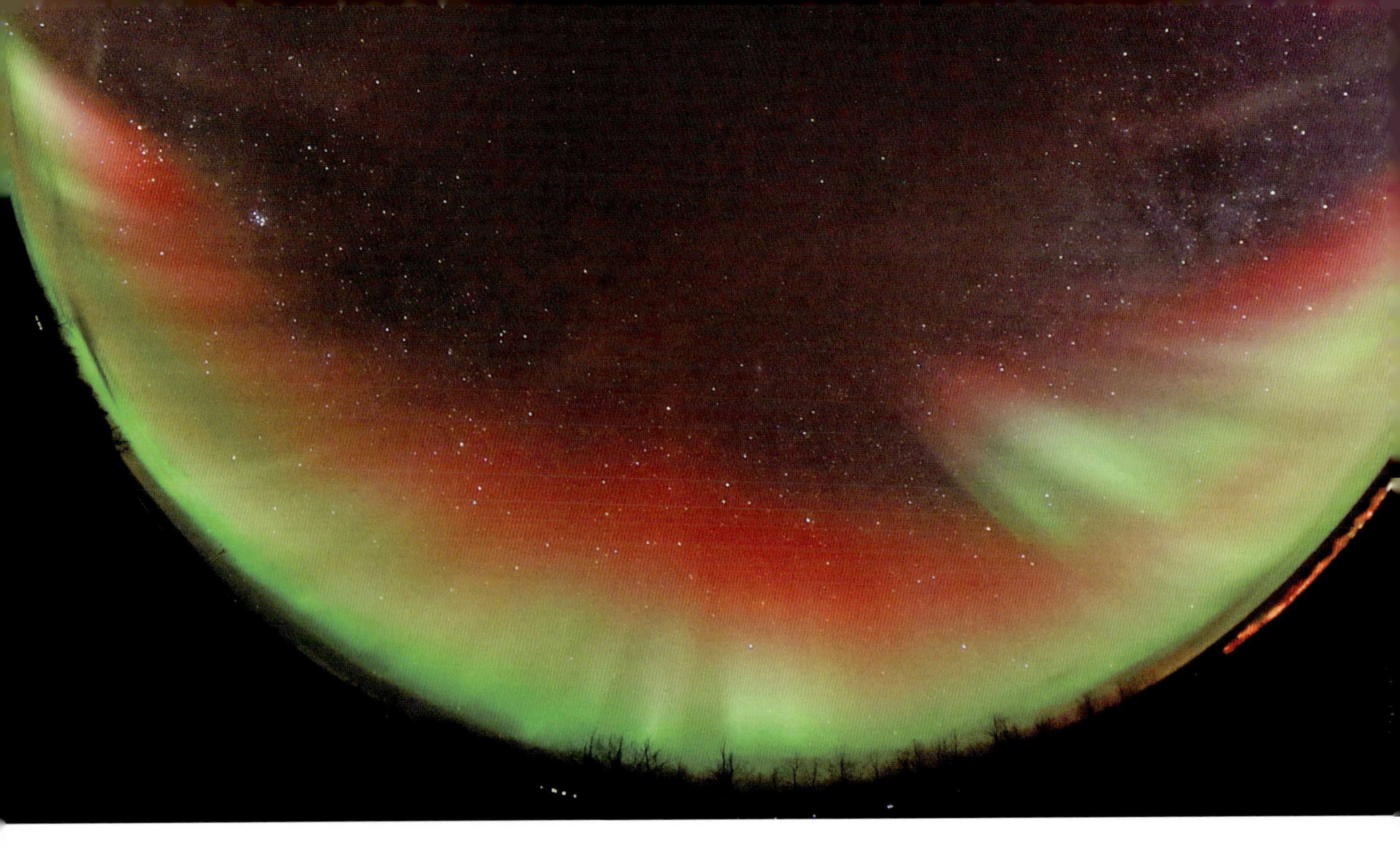

オーロラ

レア度	季節 夏以外	時間帯 夜
	タイミング 極周辺でオーロラ活動時	

地平線に広がるオーロラ（左）　オーロラは下側が緑色、上側が赤色になっていることが多いです。オーロラのカーテンが地平線の半分を取り巻いたとき、巨大な虹に囲まれたように見えました。人の目は赤色の感度が悪いので、肉眼では赤い部分は黒っぽい赤色に感じられます。緑色と赤色が重なった部分は黄色っぽく見えます。　（9月 アラスカ）

淡いオーロラ（右）
淡いオーロラが広がってきたとき、空にはさまざまな色ができます。光が弱いときは目では白っぽく見えますが、写真に撮るとさまざまな色が現れます。オーロラは透き通っているので、背景の星空もわかります。星のさまざまな色とオーロラの不思議な色彩の調和には心を動かされます。　（9月 南極）

皆既食で赤銅色に染まった月　満月が地球の影に入って、月が欠けていく現象を「月食」と言います。地球の直径は月の4倍ですが、月に届く地球の影は月の3倍程度になります。そこに満月が入ると、輝きがなくなっていきますが、影の中にも地球の大気で散乱・屈折した赤い光が少し届き、月が赤黒く見えます。皆既月食のときの月の色は赤銅色と言われていますが、どれだけ影に深く入るか、地球の大気の澄み具合などで、色が変わります。大きな火山噴火のあとなどでは、ほとんど見えないこともありました。(2月 茨城県)

月食

レア度	季節 数年に1度程度	時間帯 夜
◆◆◆	タイミング 皆既月食が起こるとき	

地球の影に入った月　地球の影に入った月面には、地球のオゾン層を通った青っぽい光が届き、ちょっと変わった色になります。青色だけでなく、紫色、緑色や黄色などが見えることがあり、月食を見る楽しみになります。これらの色は、遠く離れた地球の大気によるものです。皆既月食は数年に1度程度なので、チャンスを逃さないで見てみましょう。

（2月 茨城県）

街中で虹色を探す

街中を歩いていて、きれいな虹色の光に出合うことがあります。太陽の光がガラスやプラスチックで屈折してできたものです。よく見るのは自転車の反射板です。透明なプラスチック板が、たくさんの小さなプリズムのようになっていて、地面や壁に虹の輝きができます。

また、CD、DVD、Blu-rayの裏面の色もきれいですが、これは屈折ではなく、ピット(情報を書き込むための穴)が規則正しく並んでいることによって、回折された光が強め合った、構造色という虹色です。シャボン玉の膜や液晶温度計など、薄膜干渉や周期構造による発色は他にもいろいろあります。

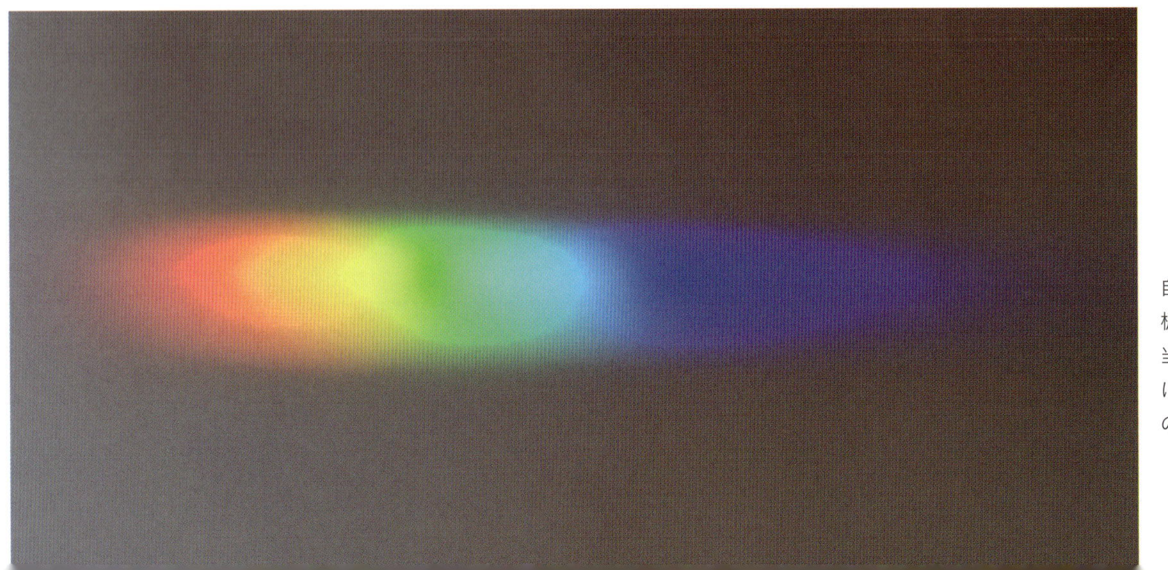

自転車の反射板に太陽光が当たって、壁にできた虹色の輝き。

自転車の反射板にはたくさんの凹凸があります。

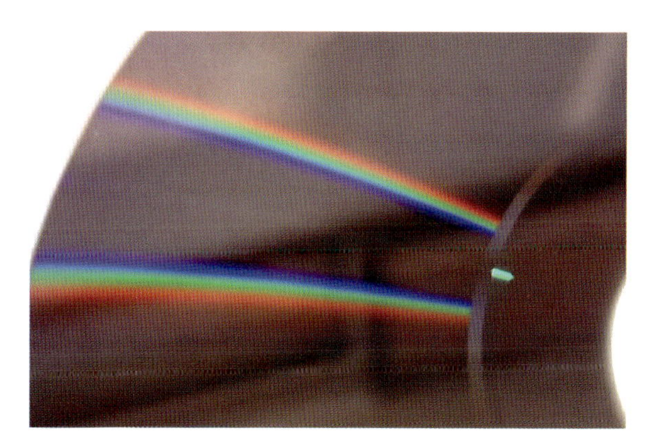

Blu-rayディスクの裏面に見られた虹のような輝き。

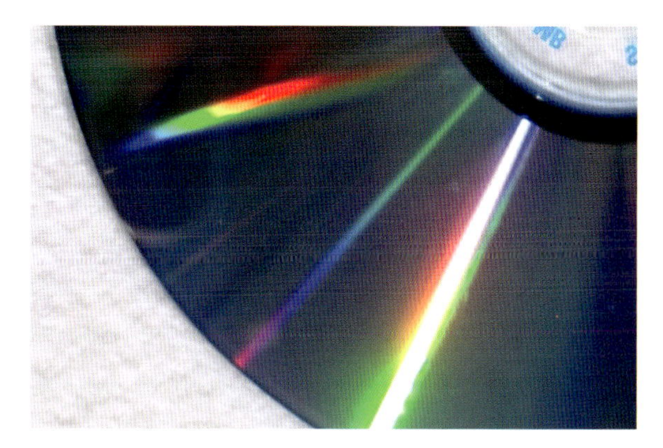

CDの裏面の虹色は、Blu-rayやDVDと異なります。

虹色の蜃気楼

蜃気楼は、そもそも見ること自体が難しいものです。それでもいろいろな場所で見てみると、さまざまな形とともに、色が付いているものがあることに気づきます。南極では、大陸から冷たい空気が下りてきて、遠くの風景が変形することがよくあります。氷はまっ白で、それが蜃気楼になると、色分かれすることがあります。写真では、氷のかたまりが、蜃気楼で上の方に段々となって変形していますが、そのところどころで橙色や青色などが見られます。これは太陽の光が当たった氷の白色が、屈折によって色分かれしたものです。見ていると形と色が少しずつ変わっていき、1時間もすると全く違う景色になりました。

武田 康男（たけだ やすお）

1960年東京都生まれ。東北大学理学部卒業後、千葉県立高校教諭（理科）、第50次南極地域観測越冬隊員を経て、2011年より独立。“空の探検家”として活動している。現在は複数の大学の客員教授・非常勤講師として地学を教えながら、小中高校や市民講座などで写真や映像を用いた講演も行っている。気象予報士、空の写真家でもある。執筆・監修・写真映像提供、テレビ・ラジオ出演（世界一受けたい授業／日本テレビ、教科書にのせたい！／TBS、その他）など多方面での実績を持つ。著書に『楽しい気象観察図鑑』『すごい空の見つけかた』『地球は本当に丸いのか？』（以上、草思社）、『自分で天気を予報できる本』（KADOKAWA、中経出版）、『不思議で美しい「空の色彩」図鑑』（PHP研究所）など多数。日本気象学会会員、日本雪氷学会会員。独自の空の映像サイト（http://skies4k.com）を開設し、多くの映像や写真を次々と更新している。

参考文献

『銀河の道 虹の架け橋』大林太良 著（小学館）
『授業 虹の科学：光の原理から人工虹のつくり方まで』西條敏美 著（太郎次郎社エディタス）
『虹—その文化と科学』西條敏美 著（恒星社厚生閣）
『イラストレイテッド光の科学』田所利康・石川謙 著／大津元一 監修（朝倉書店）
『楽しい気象観察図鑑』武田康男 著（草思社）

虹の図鑑

―しくみ、種類、観察方法―

2018年8月20日　第1刷発行
2019年5月10日　第2刷発行

著　者	武田 康男
発行者	森田 猛
発行所	株式会社 緑書房 〒 103-0004 東京都中央区東日本橋３丁目４番14号 TEL 03-6833-0560 http://www.pet-honpo.com
編　集	秋元 理、宮島 芙美佳
デザイン・編集協力	リリーフ・システムズ
印刷所	図書印刷

ISBN 978-4-89531-348-3 Printed in Japan
落丁、乱丁本は弊社送料負担にてお取り替えいたします。